新型农民职业技能培训教材

农资营销员

培训教程

梅四卫 主编

U0306310

中国农业科学技术出版社

图书在版编目（CIP）数据

农资营销员培训教程／梅四卫主编. —北京：中国农业科学技术
出版社，2011.9

ISBN 978 - 7 - 5116 - 0578 - 8

Ⅰ. ①农… Ⅱ. ①梅… Ⅲ. ①农业生产资料 - 市场营销学 - 教材
Ⅳ. ①F724. 74

中国版本图书馆 CIP 数据核字（2011）第 139626 号

责任编辑	杜新杰
责任校对	贾晓红　郭苗苗
出 版 者	中国农业科学技术出版社 北京市中关村南大街 12 号　邮编：100081
电　　话	（010）82106638（编辑室）　（010）82109704（发行部） （010）82109703（读者服务部）
传　　真	（010）82109709
网　　址	http://www.castp.cn
经 销 者	各地新华书店
印 刷 者	北京市彩虹印刷有限责任公司
开　　本	850 mm ×1 168 mm　1/32
印　　张	6.25
字　　数	168 千字
版　　次	2011 年 8 月第 1 版　2012年7月第3次印刷
定　　价	18.00 元

《农资营销员培训教程》
编委会

主　　编　　梅四卫
副主编　　张学林　　赵双锁　　梅望玲
编写人员

梅四卫　　张学林　　赵双锁
梅望玲　　贾云超　　乔子辰
贾新彦　　史全龙　　曾国锋

前　言

　　以党的十七大和中央 1 号文件精神为指导，坚持以科学发展观为统领，以市场需求为导向，以农村青壮年劳动力为对象，以提高农业劳动者技能和就业能力为重点，以增加农业劳动者收入为目标，中共中央决定开展多渠道、多层次、多形式的农村劳动力转移阳光工程培训，不断提升农村劳动力转移层次和市场竞争力，实现劳务经济跨越式发展，推动城乡经济统筹协调发展和社会主义新农村建设。

　　为进一步提高阳光培训工程质量，结合营销员职业标准及我国目前农资业发展状况，规范农资从业人员的职业要求，基本技能，创业素质，推动我国农资市场规范化，促进农资业和谐可持续发展，组织有关专家编写了《农资营销员培训教程》一书。

　　《农资营销员培训教程》结合农资营销员创业必备技能，共分两部分，第一部分，基础知识着重介绍了农资营销员的职业岗位职责及职业素质，种子、农作物病虫草、农药、肥料、农业机械、饲料经营的基础知识。第二部分，农资营销技巧涵盖了市场营销基础知识、农资营销员创业素质、创业及农资售后等内容。本书借鉴营销学知识与技能，具有显著的适应性、操作规范性强等特点。可作为农业劳动者创业培训教材，也可作为农资营销员培训教材，还可作为高职高专农学、畜牧、种子等相关专业的选修课教材。

　　限于编者水平，加之编写时间仓促，教材中错误和疏漏之处在所难免，敬请予以指正。

编　者

2011 年 6 月

目　录

第一部分　基础知识

第二部分　农资营销技巧

第一部分

基 础 知 识

第一章 农资营销员的岗位职责与素质要求

农资营销员在农业规模化、农业机械化、农业现代化中起着不可替代的作用。在实现农业持续健康发展，保障食品安全的源头，服务"三农"方面承担重要职责，需要具备特定的素质。

一、农资的作用

1. 农资的概念

即农用物资，是农业生产部门所需用的生产资料。通常包括农业产品生产资料和工业产品生产资料两大类。前者是农业部门内部提供的生产资料，后者是工业部门提供的生产资料。在社会主义市场经济条件下，由国家商业部门、农村供销社以及个体经销供应。农业生产资料种类繁多，按它在生产过程中的地位分，有属于劳动工具的中小农具、农业机械设备等；有属于劳动对象的种子、肥料、饲料等。按农资的类别分，有排灌设备、拖拉机、收割机、发电机、载重汽车等农业机械产品；有化肥、农药、塑料薄膜等农用化工产品；有金属以及金属制品等其他农用工业产品。按农资在农业上的用途划分，有农业需用物资、林业需用物资、牧业需用物资、渔业需用物资以及农业服务业需用物资等。

2. 农资的特征

（1）农业生产资料品种的多样性　在农业生产过程中，农业企业和农户对农业生产资料是重复消费、批量消费的。同一时期，同一地方，就有国营、集体、个体等多家农资商业企业经营销售，因而具有同一性和横向可比性，农户可以"货比三家"，具有经营灵活、覆盖面广的特点。

（2）具有受自然条件制约性强的特点　农用生产资料有一部分来自农业部门，由于农业生产受自然条件影响大，从而使农用生产资料的销售也受自然条件的制约。主要表现在：①农用生产资料需求的集中性。在播种时，集中需要农机具、种子、肥料，抢时播种。②农用生产资料的生产和消费的分离性。农用生产资料生产是城市工业，而需要却是广大农村，农资销员就是工业部门和农业生产的桥梁和纽带。③农用生产资料的不稳定性。在年际间、地区间波动大。需根据年际间、地区间的变化，及早搞好采购、贮存、运输，保证农用生产资料的供应。

（3）农用生产资料的营销技术性比较强　农资营销技术性强表现在两个方面：①农资品种繁多，分组定价难度大，农资销售需要专门的知识和经验；②部分农资是植物的果实和化学物品，稍有不慎，都会造成损失。因此，在农资销售过程中需要特殊的保护、养护和维护，甚至需要对农资进行特殊的贮存和运输设备。

（4）农用生产资料的市场竞争比较激烈　随着市场经济的深入发展，农资销售的竞争非常激烈。农业部门提供的生产资料如此，工业部提供的生产资料也是如此。它们的销售竞争相当激烈，表现在价格制定、供求状况、售后服务等方面。

二、农资营销员的岗位职责

农资营销员是从事种子、农药、肥料、农用塑料制品、农业机械的销售及咨询服务的人员。在社会主义市场经济中，农用物资供应是由生产部门、商业部门向使用部门转移的一项经济活动，是保证农业再生产的重要环节。农资营销员在农资销售过程中起着关键作用。有了农资营销员，农资供应能更贴近农户，便于农户了解选择农资。农资营销员职业共设 3 个等级，分别为农资营销员（国家职业资格五级）、农资营销师（国家职业资格四级）、高级农资营销师（国家职业资格三级）。农资营销员的岗位职责可概括为两个方面。

（一）做好农资货源的筹集

农资营销员，要根据本地农业生产经营的需要，积极组织农资货源，并做好农资的运输和贮存。

对于大多数农村来说，农业企业或农用工业企业只有通过农资营销员，才能将农用物资销售到广大农村和农民之中，实现其价值。

农资营销员要根据当地农户数量、农业生产面积，结合当地农业生产实际，对农资的供给和需要进行综合平衡，及时发现供需间的不平衡，积极筹集资源，使经营农资的品种、数量经常处于动态平衡，以保证当地农资的有序供应和农业生产的正常进行。

（二）做好农资的营销业务

营销员负责整个的农资营销业务。要把营销作为一个有序过程，对顾客特别是对那些没有多少文化知识的普通农民要进行详细的咨询服务。要准确无误地做好农资的销售和贷款回收，售出农资货物的名称、规格、数量、价格等都要如实登记，并开具正规发票。要注意记录农民反映的技术性问题，从中捕捉农户的农资需求，有针对性地做好农资营销服务。此外，要注意记录客户信息，有条件时对客户的农资需求状况进行跟踪，从而扩大农资的营销业务和不断提高服务质量。

三、农资营销员素质要求

农资营销员是指从事农用物资销售而获得利润的人员。他们有文化，懂技术，会经营，是众多新型农民的组成部分。

（一）营销员的业务素质

农资销售业务涉及经济、法律、科技等许多领域。因此，一个合格的、优秀的农资营销员，应具备以下几方面的知识。

（1）经济知识 农资销售业务是要把生产部门的产品等价交换给农业生产企业和农户，在服务过程中获得利润的经济活动。因此，农资营销员要懂得经济学知识，还要掌握与农资销售业务有关的金融、财会、统计、管理、采购、仓储、维修等方面的知识，了解农资的保鲜、运输、贮存的过程，熟悉农用物资的质量、工艺、标准、设备的状况和管理活动。

（2）法律知识 市场经济是法制经济。农资营销员必须了解和掌握有关的法律知识，诸如交易管理法规、会计法、税法、国家保护农民产权的法律和条例，以及洽谈签订交易合同及合同仲裁知识。

（3）市场知识 农资营销员起到沟通城市和乡村、工业和农业、工人和农民的桥梁作用。因此，要具备市场营销知识。能运用多种市场调查、预测的知识，调查分析市场供求关系，对农用物资市场做出恰当的评价和判断，从而把握农用物资供求的态势，为更好地开展农资销售业务提供依据。

（4）科技知识 农用物资销售人员还须掌握基本的农业科技和与农业产品有关的科技知识。对所销售的农资比较熟悉，并且达到一定的专业技术水平。对农用物资有关产品的开发、专利、试验、试制、中试、生产的过程要有所了解。

（5）企业公关知识 农用物资销售员开店，做人的生意，越做越活；做物的生意，越做越滞。为做好人的工作，就必须掌握企业公关知识。企业公关的核心内容是为了塑造农资商店的良好形象，做好与供货单位和农资消费企业、农户的沟通。

（二）农资营销员的职业道德素质

农资营销员的职业道德规范准则可归纳为如下。

1. 爱岗敬业，诚实守信

爱岗敬业是职业道德的基础和核心，是社会主义职业道德所倡导的首要规范，是对农用物资营销员工作态度的普遍要求。爱岗是敬业的前提，而要真正爱岗又必须敬业。爱岗和敬业，二者相互联系，相互促进。爱岗敬业是对农用物资营销员的基本要求。

爱岗是农资营销员做好本职工作的基础。爱岗就是热爱自己从事的工作。是指从业人员能以正确的态度对待自己所从事的职业活动，对自己的工作认识明确，感情真挚。在实际工作中，能最大限度地发挥自己的能动性，表现出忘我劳动、热情服务、勇于奉献的精神。

敬业是农资营销员做好本职工作的必要条件。它是使从业人员在特定的社会形态中，认真履行所从事的社会事务，尽职尽责、一丝不苟的行为，以及在从事职业生活中表现出来的兢兢业业、埋头苦干、任劳任怨的强烈事业心和忘我奉献精神。

总而言之，爱岗敬业是职业道德中最基本最主要的道德规范，二者互为前提，辩证统一。没有对农用物资销售工作的热爱，就不会有对该工作的敬业精神，就会这山望着那山高。反之，没有对农用物资销售工作的敬业，也无所谓爱岗。作为农用物资销售人员，必须把对本职工作的热爱之情，体现在忘我的劳动创造及为取得劳动成果而进行的努力奋斗过程之中。要用对本职工作全身心的爱，去推动自己在职业活动中做出优异的成果。

诚实守信是做人的根本，是中华民族的传统美德，也是优良的职业作风。诚实守信是职业活动中调节人与工作对象之间的重要行为准则，也是社会主义职业道德的基本规范。

诚实，就是忠实于事物的本来面貌，不歪曲、篡改事实，不隐瞒自己的真实思想，不掩饰自己的真实情感，不假冒、不欺骗他人。

守信，就是重信用，讲信誉，信守诺言，忠诚于自己承担的义务，答应别人的事一定要去做，其中，"信"字也指诚实无欺的意思。

诚实守信是职业道德的根本，是社会主义新农村农资营销员的不可或缺的道德品质，作为农资营销员必须诚实经营，遵守商业合同，言而有信，合理取得利润。只有如此，才能在市场经济的大潮中立于不败之地。

只有诚实守信，才能办事公道。办事公道要求农资营销员遵守本职工作的行为准则，做到公平、公正、公开，不以权谋私，不以私害公，不出卖原则。

只有诚实守信，才能奉献社会。奉献社会要求农资营销员全心全意地为人民服务，不图名利，以为人民谋福利、为社会作贡献为乐。

只有诚实守信，才能服务群众。服务群众要求每位农资营销员尊重群众、方便群众，全心全意为群众服务，为群众办好事、办实事。

2. 遵纪守法，办事公道

遵纪守法是每一个公民的基本义务，也是农资营销员必须遵守的准则。农资营销员所从事的职业，在采购、贮存、销售过程中，涉及许多法律和法则，诸如消费者权益保护法、产品质量法、计量法、税收管理法、会计法、动植物检疫法、道路运输管理条例等。在农资销售中，要分清违法与不违法的界限，提高法律意识。增强法制观念，依法办事，依法律己，依法维权。不能做违法的事，不能"私了"。

办事公道是指农资营销员办理批发、零售业务时，要做到公平、公正、公开。这是职业道德的基本准则。做公正的人，办公道的事，是农资营销员追求的道德目标。农资营销员在办事或处理问题时，要站在公正的立场上，对消费者要公平、合理、不偏不倚，同一标准，公私一样。人们所说的秉公执法、公正无私、出于公心、一视同仁等，所指的就是办事公道。办事公道也是树立农资营销员个人威信和调动群众积极性的前提。在社会主义市场经济条件下，每一个市场主体不仅在法律上是平等的，而且在人的尊严与社会权益上也是平等的。人与人之间只有能力和社会分工不同，没有高低贵贱之分。农资营销员与消费者相互尊重，平等互惠。对待消费者，不论职位高低，不论企业或农户，都要一视同仁，热情对待。

3. 精通业务，讲求效益

只有精通业务，经营有方，才有好的效益。效益是精通业务的成果。业务精通才能在营销管理中节约成本，反之，则效益减少，甚至亏本。

4. 服务群众，奉献社会

这是为人民服务的思想在职业道德中的具体体现，是农资营销员必须遵守的职业道德规范。服务群众是对每个职业劳动者道德的基本要求。服务群众揭示了职业与人民群众的关系，提出了农用物资销售员的主要服务对象是人民群众。服务群众，具体要求每个农资营销员心里应当时时刻刻为群众着想，急群众之所急，忧群众之所忧。总之就是要全心全意为人民服务。

奉献社会，是社会主义职业道德的最高要求。是一种高尚的社会主义道德规范和要求。奉献社会是一种人生境界，表现为助人为乐、无私奉献和牺牲的精神。它是融在一件一件具体事情中的高尚人格。其突出的特征：一是自觉自愿地为他人、为社会贡献力量，积极劳动；二是有热心为社会服务的责任感，充分发挥主动性、创造性，竭尽全力；三是不计报酬，对社会对别人完全出于自觉精神和奉献意识。农资营销员应在本职工作中体现出社会奉献的精神。

5. 规范操作，保障安全

农资营销员的农业生产资料品种多、规格全、标准各异，在采购、销售以及售后服务中，都应规范操作。尤其是化肥、农药的销售，要教给农民安全使用的知识，按规范操作。俗话说：

"没有规矩不能成方圆。"农资的使用、管理、保养，有很多规定，要严格遵守。在各地农村无公害食品生产、绿色食品生产，甚至有机食品生产中，一定要按有关的规范操作，保证食品安全。

在农资销售中。要注重农资质量安全，严防伪劣种子、农药、化肥进农资市场进行销售，要保证农业生产安全，使农业生产企业能增产，使农民群众能增收。

第二章 种子基础知识

通过对种子外观形态的基本判断，掌握种子质量基本识别办法，结合当地实际情况，合理选购使用种子。

一、种子的合理选购和使用

正确选购和使用农作物种子是保证农业增产农民增收的关键。同时，也是防止假劣种子坑农害农，避免种子质量纠纷，抵御种植风险的有效手段。为正确引导消费者合理选购和使用农作物种子，树立依法维权的自我保护意识，结合种子管理工作实际，帮你如何正确选购和使用农作物种子。

1. 慎选正规农资营销员

依法取得种子经营许可证的经营者和持有种子经营许可证的经营者在规定的有效区域内设置的分支机构，以及接受具有种子经营许可证的经营者以书面委托代销其种子和专门经营不再分装的包装种子的经营者设立的经营门店。具体表现在：①具有农业行政主管部门核发的《种子经营许可证》和工商行政部门核发的《营业执照》的种子公司及其分支机构；②其《营业执照》（原件）的经营范围中含有"代销包装种子"并持有委托者加盖公章的《种子经营许可证》（复印件）和书面委托（原件）的种子代销经营者；③其《营业执照》（原件）的经营范围含有"销售包装种子"的种子零售者。在满足上述条件的同时，还要选商业信誉良好，售后服务质量高且有一定经济实力的门店购买种子。农资营销员须具有相应等级职业资格证书。

2. 认真查验种子包装标签

进入流通环节销售的种子经过加工、分级、包装并附有种子标签，标签标注的内容应当与销售的种子相符。消费者在选购种子时应认真核查 5 项内容：一是严查种子包装与种子标签内容是否相符，不购买二次封包或包装与标签不符以及无包装、包装破损、标识不清的种子。二是严查种子质量指标（明确标注纯度、净度、水分和发芽率的具体指标），不购买质量低于国家规定的种用标准的种子（如常规棉花种子大田用种质量标准为：纯度不低于95.0%，净度不低于99.0%，发芽率不低于80%，水分不高于12.0%）。三是严查品种审定编号，不购买无审定编号或审定编号标注不正确、不规范的种子。四是严查种子生产、经营许可证号，不购买无种子生产、经营许可证号或生产、经营许可证号与生产、经营许可证不相符的种子，避免购买无证生产、经营的种子。五是严查种子生产年月，防止购买陈种子，若必须购买陈种子应适当加大播种量，避免因种子发芽势弱、拱土能力差，而出现缺苗、断垄的现象。

3. 正确挑选适宜适应性品种

随着新品种大量上市，广告宣传推波助澜，消费者对新品种的认识与日俱增。为奠定农业丰产丰收的基础，科学安排农作物品种布局，应采取高产品种与稳产品种搭配，新品种与老品种搭配的方法。按照农业行政主管部门发布的农作物种植品种区划意见选择适宜品种，切勿盲目跟着广告一味追求新品种而轻信推销者的歪曲夸大宣传，导致不可挽回的利益损失。另外，还要根据市场需求因地制宜选择商品性好、品种性状与自然区域、生态条件以及土壤肥力相适应的农作物品种。对从未种植过的新品种，不能偏听偏信广告宣传，慎重选择。

4. 索取保存有效证据

种子销售发货票是经营者与消费者之间的购物合同，是种子销售的结算凭证，受法律保护。购买种子时一定要索要符合规定的盖有种子经营单位公章的购种发票，并要求清楚地标明购买时间、品种名称、数量、等级、产地、价格、购种价款等重要信息。不要接受个人签名的字据或收条等。如果不索取发票，仅凭口头协议，万一种子出问题，经营者不承认或扯皮推诿，法律上得不到保护，吃亏的还是消费者自己。播种时要注意留存种子的包装、标签、相关技术资料和说明等物件，并要保存适量的原样品，避免发生种子质量事故时无据可寻。

5. 确保种子贮存安全

为提高种子利用率，确保种子质量安全，种子贮存环节应注意以下 3 点。首先，贮存种子的库房要通风干燥，温湿适宜。现在的种子包装特别是小包装材质透气性差，不宜长时间堆放在一起，最好在铺垫物上单摆单放，每隔一段时间及时翻动，避免因种子受潮、霉变导致发芽率降低。其次，严禁种子与化肥、农药混合堆放在一起影响发芽率；包衣种子不能同粮食作物、畜禽饲料等物资混贮，防止种衣剂中毒。最后，采取有效措施防止虫害、鼠害损坏种子造成经济损失。

6. 实行良种良法配套

实现良种增效良法配套是技术保证，良种没有配套的良法，品种生产潜力不能发挥，品种增产增收功效就达不到。由于不同作物的种植技术和管理方法不同，相同作物不同品种的种植技术和管理方法也有所差异，因此，不能单凭生产经验去管理。必须转变传统的种植观念，丢弃陈旧落后的栽培管理方法，了解掌握所购品种的特征特性、适宜区域、栽培要点、生育期及产量表现。熟练运用作物栽培的技术方法，实行良种良法配套，加强田间管理，最大限度地挖掘品种增产潜力，获取丰厚的经济回报。

7. 依法维护自身权益

消费者有权按照自己的意愿购买种子，任何单位和个人不得非法干预。一旦出现种子质量问题，要学会运用法律武器维护自身权益，并注重维权的两重性。一是维权的合法性。凡因非正常气候（如光照不足、高温、高湿、冰雹、干旱、霜冻、雨涝等自然现象）、植物病虫害（如玉米粗缩病）、栽培管理不当（如茬口、施肥、整地质量、播种期、浸种、催芽、播种质量、种子植密度、追肥、浇水、化学除草、杀虫、营养元素缺乏等因素都有可能造成生长畸形、缺苗断垄、减产或品质下降等）导致的非种子质量事故不在维权之列。二是维权的及时性。无论在种子下播前还是种子下播后，发现种子质量问题应立即与种子经营业户取得联系，根据实际情况双方可通过协商或者调解解决，避免贻误农时造成不应有的经济损失。若双方不愿意协商、调解或调解未成的，可协议仲裁或直接向人民法院提起诉讼。

二、种子检验与质量鉴别

种子质量的辨别从种子检验和种子质量监督方面进行。种子检验是选用技术手段反映种子技术的行政管理。加强种子质量监督，与维护用户的利益、保障市场有序竞争存在着密切的联系。

1. 了解种子检验和种子质量监督的体制

目前，对种子质量进行监督的，既有国家技术监督系统，又有农业行政主管部门。农业部在若干省级种子管理站（公司）按作物建立起种子质量检测中心。从性质上讲，这个中心属技术服务，承担农业部部署的种子检测任务，并不具有监督权。至于各种子公司设置的检验科室，主要对本公司产品负责，不具有对社会产品监督的职能。管理站可以通过行政主管部门部署公司检验人员参与抽检。如果对抽检结果有怀疑，可上送中心复检，发现问题则追查责任。从全国来看，一般对水分、净度、发芽率的测试结果误差较小，而作为质量关键的纯度将依赖于种植鉴定，误差的概率也增大，往往采取几次重复后进行纯度评价。

2. 了解对种子质量监督的力度

提高种子质量需由直接从事种子生产的单位做起。质量的好坏，与种子生产过程的每一环节有关。因此，要提倡建立质量保障体系，实行全过程的质量管理，从而形成农资营销员自检、分级抽查和国家检测相结合的、完整的种子质量管理制度。目前，全国种子质量监督的力度很大。连续 3 年进行大抽检，产生了一定的震撼作用。还应加重惩罚力度，使低劣种子的生产者不仅无利可图，而且要承组巨大的经济损失。国外的经验表明，这是保障种子质量的有效手段。假冒伪劣种子屡禁不止，其中，不可忽视的原因之一是地方保护。然而，市场经济的发展终将冲垮地方保护。不少县市的行政领导已看到这一趋势，正投入很大精力抓种子质量。这反映了各级领导对种子质量的关注，有助于各项制度、法规的落实。

3. 增强种子质量监督的意识

种子质量的提高依赖于每一个种子从业人员质量意识的增强。如果制种户舍不得拔除杂株，清选机手不彻底清理网筛，仓库保管员不按品种垛放，那么，再严密的监督也难免出现疏漏，影响种子质量的提高。种子从业人员质量意识不强的原因一是旧有习惯难改，二是质量与经济利益联系不密切。如有一块青椒制种田，由于从国外运来的种子发芽率低，导致缺苗断垄，制种户觉得荒了土地可惜，就栽上当地品种补缺，使这块制种田不得不报废，而制种户却满肚子委屈，认为好心不得好报。类似情况经常发生。尽管事前给制种户讲课、示范，可是千百年来的习惯势力很难一下根除。利用经济利益来驱动质量的提高，按质论价。菜农愿意出高价购买优质种子，他们在实践中得到了优质种子所带来的效益。大田作物种子的优质优价又与粮棉油的优质优价收购政策有关，农产品收购若不实行优质优价，就影响了种子的优质优价。

近几年，种子事故不断发生，通过追查劣质种子来源和限制销售，为优质种子提供了良好的市场环境。市场销售中质量意识的增强，势必推动生产环节把好质量关。可以预期，随着质量监督体制的进一步规范，质量管理法规的完善，加上人们质量意识的普遍增强，全国种子质量就能达到一个新的水平。

三、种子包装与保管

（一）种子的包装

依据《中华人民共和国种子法》（以下简称种子法）规定，应当加工、包装后销售的农作物种子有：①有性繁殖作物的籽粒、果实，包括颖果、荚果、蒴果、核果等；②马铃薯微型脱毒种薯。

可以不经加工、包装进行销售的种子有：①无性繁殖的器官和组织，包括根（块根）、茎（块茎、鳞茎、球茎、根茎）、枝、叶、芽、细胞等；②苗和苗木，包括蔬菜苗、水稻苗、果树苗木、茶树苗木、桑树苗木、花卉苗木等；③其他不宜包装的种子。

经干燥精选等加工的种子，加以合理包装，可防止种子混杂、病虫害感染、吸湿回潮、种子劣变，可提高种子商品特性，保持种子旺盛活力，保证安全贮藏运输，同时便于销售。

通过几年的实践认为，要使包装种子质量好、外观美、信誉高，除必须严格抓好田间生产各个环节，提高种子纯度、确保种子质量外，在种子包装时还必须注意以下几点。

（1）种子必须经过精选和药剂处理 种子中夹杂的瘪粒、破碎粒、泥沙、杂草种子等杂质，常会携带和传播霉菌，因此，必须通过精选将种子中的杂质清除掉，以保证种子净度达到目标标准要求。经精选后的种子还必须进行药剂熏蒸或包衣处理（蔬菜种子），以保证种子包装后不霉变、不虫蛀。

（2）严格控制种子含水量 种子含水量的高低对种子的安全贮藏影响很大，水分高的种子呼吸强度大，内部有机物质消耗严重，从而引起种子发热，生活力下降，严重时会丧失使用价值。玉米、小麦类的含水率应掌握在 13% 以内，棉种含水率应掌握在不高于 11%，油菜、瓜类、蔬菜种子一般含水量应低于8%，凡是高于标准含水量的种子严禁包装。

（3）注意种子标签、实行商标策略　种子标签是《种子法》要求的一项主要内容。因此，必须注意种子标签的内容要求，保证种子质量的真实性。另一方面从商品学角度来讲，应注意商标和商标策略。因为商标是商品的标志，是产品发展的组成部分，在整体的市场营销中起着广泛的作用。

（4）选择合适的包装材料和包装规格　可根据不同作物品种、粒型、用种量及种价，选择不同材料的包装物。对于玉米、小麦、大豆等 667 平方米用种量大，种价较低的种子，可选用透明度好、耐磨、拉力强的聚乙烯塑料袋包装，大袋可采用 50 千克/包、25 千克/包，在显著的位置可印上各自的标识。小包装可用每袋 5 千克、2.5 千克、1 千克、0.5 千克等，分别用不同规格的聚乙烯薄膜袋和牛皮纸袋；棉花和蔬菜部分经济作物类，用种量少，包装用精良的铁筒、铁盒、铁罐和优质的复合膜、铝箔包装等。分作物设计图案，将图案印在专用包装袋上，这样既美观大方又便于运输和保管。

（5）包装计量准确无误　种子包装时所用的计量器必须是经过计量单位强检的器具。在计量上力求准确无误，尽量减少误差，切不可从自身利益出发，缺斤少两，损害农民的利益和包装种子的信誉。要增强种子信誉，提高服务质量，实行袋装的种子，要严格按照国家的种子质量标准，把好质量关，使种子的纯度、净度、水分、色泽度等指标符合国标要求。

（6）种子包装上印刷的图文要醒目明了　依据《种子法》要求，在包装材料上必须用醒目的着色印刷简单的品种栽培说明及品种名称、产地，标注作物种类、种子类别、种子经营许可证编号、质量指标、检疫证明编号、净含量、生产年月、生产商名称、生产地址以及联系方式，使用户购种一目了然。

（二）种子保管

为规范种子保管，防止出现种子变质、机械混杂等，保证种子在保管过程中质量安全，为农业生产和种子客户提供合格的农作物种子，让农民用上放心种。种子保管质量一般包括 3 方面内容：一指种子本身原有的优良特性，即丰产性、抗逆性及品质状况等；二指农作物的适宜收获日期，收获过早、过迟、过嫩、过老，都不利于保持种子质量；三指收获后的种子必须经过贮藏过程，并在贮藏过程中保持其原有的质量标准。要做到以上 3 点，必须采取以下措施。

1. 保持干燥的贮存条件

一是种子本身的干燥，二是贮藏条件的干燥。据测试：种子含水量每下降 2.5%，种子寿命就可增加 1 倍。种子含水量高于 14%，附着在种子表皮的霉菌就会加快繁殖，导致种子发芽率低。如果将含水量为 14% 的种子与含水量为 11.5% 的同一品种的种子进行比较，后者的寿命可为前者的 2 倍；如果种子含水量干燥至 9%，其寿命就会延长 4 倍。从而可以看出，干燥的种子对保持其贮藏品质有着极为密切的关系。但种子是否越干越好，则应根据人们的需要和种子的特性而定。对于大多数农作物种子来说，干燥的条件是有利于保持种子质量的。

2. 保持低温的贮藏条件

种子呼吸和微生物的活动与温度有着直接的关系。一般情况下，温度在 20~35℃ 范围内，种子呼吸和微生物的生命活动就会随着温度的增高而加强，但温度超过 55℃ 以上，种子的呼吸和微生物的活动就会迅速减弱，并导致种子失去活力和使用价值。而 20~40℃ 又是微生物繁殖最为严重，破坏性最大的温度范围，所以在贮藏期间，把温度控制到 20℃ 以下（最好是 15℃），即使种子水分较高，但因微生物活动受到阻碍，种子的呼吸也能处于正常状态。如温度超过 20℃ 以上，水分含量较大，或超过安全水分，就会使种子呼吸和微生物生命活动加强而引起种堆发热，致使种子活力丧失，失去作为种子的价值；如果种子含水分高并处于低温贮藏的条件，则种子易受冻害而死亡；如种子含水量低，对寒冷的抵抗力就强。所以，一般种子贮藏期间的最适温度应在 15～20℃，相对湿度为 60%～70%。

3. 把好"一关"做到"四查"

一关即把好种子入库水分关。要坚决做到不符合水分含量要求的种子不入库。四查即对入库种子随时查水分、查温度、查发芽率、查虫蛀，发现问题及时解决。

4. 合理通风保证种子质量

为提高种子贮藏的稳定性，在高温、高湿季节原则上种子以密闭贮藏为主，气温下降季节或仓内温、湿度较高时，应予通风，通风方法分为：

自然通风的条件：通风时应准确掌握仓内温、湿度与仓外空气温、湿度状况，当仓外温、湿度两项指标低于仓内，或一项指标相同，一项低于仓内时都可通风，反之不能通风。

机械通风：适用于散装种子堆的降温散湿，具体要求按自然通风条件办理。

第三章　农作物病虫草害基础知识

一、农业昆虫基本知识

所谓农业昆虫，是指那些与农业生产有关的昆虫。据估计，农业昆虫中，危害农作物的有几万种，但其中对农业造成威胁的仅有上千种，这类昆虫常称为农业害虫。农业昆虫中还有少数的种类，是以寄食或寄生于其他昆虫为生的，它们大部分是农业害虫的天敌，是"灭虫保苗"的重要力量。另外，述有许多农业昆虫是作物授粉的媒介者，它们对提高作物的产量，增强作物的存活力起了很大作用，在农业生态系统中，我们着重研究的是害虫问题，农作物害虫与农业生态系中的其他因素密切相连，它们之间的关系错综复杂，其中，影响最大的是气候、作物、天敌和人类的经济活动。

昆虫纲是动物界中最大的一纲，已知的种类约有85万种以上，占动物总数的4/5。身体分头、胸、腹三部分，胸部有3对分节的足，故又称六足纲。昆虫纲由3纲、33目组成，与生产关系密切的有9个目：直翅目、缨翅目、同翅目、半翅目、脉翅目、鳞翅目、鞘翅目、膜翅目、双翅目。以下就这些目及重要科做一简述，并列举部分常见农业昆虫。

二、植物病害基本知识

植物病害是指植物在生物或非生物因子的影响下，发生一系列形态、生理和生化上的病理变化，阻碍了正常生长、发育的进程，从而影响人类经济效益的现象。

病原种类很多，可分为两大类：①非侵染性病害：由非生物引起，例如：营养元素的缺乏，水分的不足或过量，低温的冻害和高温的灼病，肥料、农药使用不合理，或废水、废气造成的药害、毒害等。②侵染性病害：由生物引起，有传染性，病原体多种，如真菌、细菌、病毒、线虫或寄生性种子植物等。

病状有植物病害的病状主要分为变色、坏死、腐烂、萎蔫、畸形五大类型。

植物病害分为侵染性和非侵染性两大类。由病原物引起的侵染性病害的分类方法有：①按病原物分为真菌性、细菌性、病毒性和线虫病害等。②按寄主植物分为作物、蔬菜、果树病害和森林病害等。③按症状可分为叶斑病、腐烂病、萎蔫病等。④按发病部位可分为根病、茎病、叶病、果病等。⑤按传播方式可分为空气传播、水传、土传、种苗传播、昆虫介体传播等。

病原物从侵染到寄主植物病状出现的过程，简称病程。侵染过程一般分为3个时期：①侵入期。从病原物侵入到与寄主植物建立营养或寄生关系的一段时间。②潜育期。从病原物初步与寄主植物建立寄生关系到出现明显症状的一段时间。潜育期的长短因病原物的生物学特性；寄主植物的种类、生长状况和时期以及环境条件的影响而有所不同。③发病期。受侵染的寄主植物在外部形态上出现明显的症状，包括染病植物在外部形态上反映出的病理变化和病原物产生繁殖体的阶段。

病害从前一个生长季节始发病到下一个生长季节再度发病的过程称为侵染循环。又称病害的年份循环。病程是组成侵染循环的基本环节。侵染循环主要包括以下3个方面：①病原物的越冬或越夏。病原物度过寄主植物的休眠期，成为下一个生长季节的侵染来源。②初侵染和再侵染。经过越冬或越夏的病原物，在寄主生长季节中苗木种植前进行病害防疫的首次侵染为初侵染，重复侵染为再侵染。只有初侵染，没有再侵染，整个侵染循环仅有一个病程的称为单循环病害（如麦类黑穗病菌）；在寄主生长季节中重复侵染，多次引起发病，其侵染循环包括多个病程的称为多循环病害（如稻瘟病菌、白叶枯病菌等）。③病原物的传播。分主动传播和被动传播。前者如有鞭毛的细菌或真菌的游动孢子在水中游动传播等，其传播的距离和范围有限；后者靠自然和人为因素传播，如气流传播、水流传播、生物传播和人为传播。

植物病害流行是指侵染性病害在植物群体中的顺利侵染和大量发生。其流行是病原物群体和寄主植物群体在环境条件影响下相互作用的过程；环境条件常起主导作用。对植物病害影响较大的环境条件主要包括下列 3 类：①气候土壤环境，如温度、湿度、光照和土壤结构、含水量、通气性等。②生物环境，包括昆虫、线虫和微生物。③农业措施，如耕作制度、种植密度、施肥、田间管理等。植物传染病只有在寄主的感病性较强，且栽种面积和密度较大；病原物的致病性较强，且数量较大；环境条件特别是气候、土壤和耕作栽培条件有利于病原物的侵染、繁殖、传播和越冬，而不利于寄主植物的抗病性时，才会流行。

植物病害防治的原则是：消灭病原物或抑制其发生与蔓延；提高寄主植物的抗病能力；控制或改造环境条件，使之有利于寄主植物而不利于病原物，抑制病害的发生和发展。一般着重于植物群体的预防，因地因时根据作物病害的发生、发展规律，采取综合防治措施。每项措施要能充分发挥农业生态体系中的有利因素，避免不利因素，避免公害和人畜中毒。使病害压低到经济允许水平之下，获得最大的经济效益。防治方法有植物检疫、抗病育种、农业防治、化学防治、物理防治和机械防治与生物防治等。

三、常见农田杂草种类及防治方法

农田杂草一般是指农田中非栽培的植物。广义地说，长错了地方的植物都可称之为杂草。从生态经济的角度出发，在一定的条件下，凡是害大于益的农田植物都可称为杂草，都应属于防除之列。

据联合国粮农组织报道，全世界有杂草约 5 万种，其中，农田杂草为 8 000 种，而危害主要粮食作物的杂草约 250 种。其中，有 76 种危害较为严重，香附子、狗牙根、稗草、光头稗、蟋蟀草、白茅、假高粱、凤眼莲、马齿苋等 18 种杂草危害极为严重。杂草是在长期适应当地作物、栽培、耕作、土壤、气候等生态环境及社会条件中生存下来的，从多方面侵害作物。它与农作物争夺水、肥、光能等，侵占地上和地下空间，影响作物光合作用，干扰作物生长，影响产量和质量。许多杂草又是危害作物的病菌、害虫的中间寄主，如稗草是稻飞虱、稻叶蝉、黏虫等的中间寄主；刺儿菜是棉蚜、地老虎及向日葵菌核病的中间传播者。杂草是农业生产的大敌，杂草不除，最终导致作物减产，造成的损失则是不容忽视的。据统计，1972 年全世界因草害造成作物减产价值达 204 亿美元。

（一）杂草的发生特点

（1）生长快　利用光、水、肥的能力较作物强，进行无性繁殖的杂草生长速度相当快，较作物成熟偏早。

（2）多实性，连续结实性、落地性　可产生 1 ~ 3 代，几万至几十万种子，种子成熟后一般很容易造成脱落，造成土壤感染。杂草能在短期内占据空间，覆盖地面，就是因为有较大的单株结实量。由于杂草成千上万倍地产生种子，即便除草措施十分有效，如果每亩农田当年留下几千株杂草，便能产生几千万乃至上亿粒种子，到来年仍能严重发生。

（3）苗成熟期参差不齐　杂草种子的成熟期比栽培作物早，成熟期也不一致，通常是边开花、边结实、边成熟，随成熟随脱落散落田间，一年可繁殖数代。例如：小藜在黄淮海流域每年 4 月下旬至 5 月初开花，5 月下旬果实成熟，一直到 10 月份仍能开花结实。因此，这些杂草在麦田、秋田、菜田和果园等不同田间或不同季节都有发生。

（4）杂草的种子多有后熟特性　一些正在开花的杂草被拔除后，受精的胚珠就可发育成为种子。一些专性杂草，如稻田中的稗草，果实成熟期一般比水稻提前 10 ~ 20 天。麦田中的野燕麦、看麦娘、播娘蒿等杂草通常在小麦成熟前果实已成熟脱落。大部分杂草的出苗期也不整齐，如荠菜、藜、繁缕等杂草除了 1 月份最冷和 7 ~ 8 月份最热时不发生外，一年四季都能出苗开花。马唐、狗尾草、牛筋草、画眉草、铁苋菜和龙葵等 4 ~ 8 月份均能出苗生长，是玉米、棉花、大豆、花生等秋作物和菜田、果园的主要杂草。大田内每浇一次水或降一次雨后就有一次杂草出苗高峰，这是农田杂草容易形成草荒和不易清除的主要原因，也给防除带来不便。

（5）寿命长（休眠）　独行菜种子寿命 40 年以上，田旋花可存活 50 年。

（6）可塑性和抗逆性强　在环境不良情况下生存能力及适应性更突出，较作物有较大优势。

（7）多种繁殖方式及授粉途径　可通过种子或无性繁殖的根、茎、芽繁殖，既能异花也能自花授粉，通过风、昆虫、动物、人均可授粉。

（8）多种传播方式　种子通过风、昆虫、动物、人畜、水流、农业机械、灌溉、农家肥混在作物种子、商品粮。

（9）拟态性　如稗和稻，狗尾草和谷子形态及生理习性相近，人工和机械除草难度很大。

（二）杂草的危害

（1）与作物争夺肥、光、水分、空间　杂草有发达的根系，匍匐地面的茎节也能生根，吸收能力强，幼苗阶段生长速度快，光合效率高，光合作用产物迅速向新叶传导分配，而且营养生长快速向生殖生长过渡，具有干扰作物的特殊性能，夺取水分、养分和日光的能力比作物大得多。有其优越的生长特点和突出的环境适应性。

（2）降低作物产量和品质 毒麦混入小麦后，磨成的面粉对人有毒害作用，人若吃了就会引起头晕、昏迷、恶心、呕吐、腹泻、痉挛，严重时可引起死亡。家畜食用了含有一定量毒麦的饲料时，同样能引起中毒或死亡。稻谷中含有稗草会降低米质，出米率下降。果园内杂草丛生也影响果实着色和品质。

（3）妨碍农事操作 若麦田内猪殃殃、播娘蒿、刺儿菜丛生，稻田内稗草、鸭舌草和水苋菜较多时，作物容易倒伏，影响千粒重，降低产量。稻麦倒伏后，收割机无法收割。大豆、玉米田内苘麻量大，草害严重时，收割机易被青草阻塞而发生故障。另外，收割时若混有较多青草则不易晒干，容易发生霉烂，造成损失。

（4）孳生病虫害（中间寄主） 如传毒寄主，一些杂草由昆虫传毒而感染病毒后，再由昆虫把杂草上的病毒传到农作物上，因而成为病毒病发生的重要病源之一；棉蚜在荠菜等杂草上越冬；稗草是稻飞虱、叶蝉的中间寄主。

（5）影响人、畜健康 含毒麦4%以上的面粉导致人中毒甚至死亡；家畜食用了含有一定量毒麦的饲料时，同样能引起中毒或死亡。因此，麦毒被列为国家检疫对象。牲畜吃了带有野燕麦种子的饲料，常引起口腔、食道和胃黏膜发炎；豚草的花粉可使敏感者引起变态反应症。

（6）影响水利设施和河道航行 使河渠水流速度减缓、泥沙淤积并且为鼠类筑巢栖息提供了条件，使堤坝受损。

（三）杂草的分类

世界杂草有5万种，其中，农田杂草有5 000种，我国有农田杂草580种。

1. 根据繁殖和发生特点划分

一年生杂草：种子萌发、营养生长、开花结果、死亡在一年内完成，以种子繁殖，如野燕麦和反枝苋。

两年生又可称越年生杂草：第一年营养生长越冬第二年开花结实以种子繁殖。如荠菜、独行菜。

多年生杂草：多次开花结实，如车前、问荆、空心莲子草。

营养繁殖器官：种子、直根、根状茎、块茎、匍匐茎、球茎、鳞茎、茎叶段块。

2. 根据形态特征划分

阔叶杂草：一般指双子叶杂草，也有部分单子叶杂草，两片叶子，叶面宽大，叶子着生角度大，叶片平展，叶脉网状，少数叶脉平行有叶柄；茎圆形或四棱形，茎内维管束作环状排列，有形成层，次生组织发达；根为直根。

（1）菊科　头状花序，花两类，内部为管状花，外部为舌状花。

（2）十字花科　常有根生叶，花两性，总状花序，萼片4枚，雄蕊6片，对称生。

（3）藜科　叶互生，无托叶，花不显著，密集，小坚果。

（4）蓼科　茎节膨胀，单叶互生，叶柄基部的托叶常膨大成膜质托叶鞘，花小，花簇由鞘发出，瘦果。

（5）苋科　营养体含红色素，叶对生或互生，无托叶，花小，不显著，族生或穗状花序，小坚果。

（6）唇形科　茎四棱，单叶对生，轮状聚伞花序，不整齐两性花，小坚果。

（7）旋花科　缠绕草本，有的有乳液，腋生聚伞花序，花大形，花冠漏斗状，子房上位，蒴果。

（8）禾本科杂草　单子叶杂草，一片子叶，叶面狭长，叶脉平行，叶子竖立，无叶柄，叶鞘在侧纵裂开；茎圆形或扁形，茎内维管束全面散布，无形成层，根系为须根。

（9）莎草科杂草　单子叶，叶片窄而大，叶脉平行，叶子竖立生长，无叶柄，叶鞘闭合成管状；茎三棱或扁三棱，个别为圆柱形，无节，茎实心，不具中空节间，根系为须根。

（四）杂草的防除措施

1. 农业措施

（1）轮作倒茬 水旱轮作、旱地轮作；轮作方式、轮作组合及轮作周期不同，对杂草群落的影响程度也不同；人为影响杂草群落的演替。

（2）深翻耕作 翻地（垄翻、平翻结合；深耕、浅耕交替），伏翻、秋翻、秋耕。

（3）精选良种 各种杂草种子千差万别，即使同一种杂草在不同的生态条件下，种子的大小也不一致。人们主要利用杂草种子的大小、轻重、有芒无芒、光滑程度、漂浮能力等不同，采用机械、风力、筛子、水及人工检，把杂草种子去除，留下无草籽、无病虫的饱满健壮籽粒作为用种，减少杂草的传播危害，减少病虫害，提高农作物产量。还有的在田间进行片选、穗选或株选，专挑选无病健壮的标准穗株，不带任何杂草种子，单打后作为用种，充分发挥种子的优势，减少杂草的传播与危害。

（4）高温堆肥 是消灭有机质肥料中草籽的重要手段。有机质肥料是农村用作农田的主要肥源，也是杂草传播蔓延的根源。由于积肥时原料来源复杂，不但有秸秆、落叶、绿肥、垃圾等，而且还用杂草积肥，里边含有大量的杂草种子，不经高温堆肥又把大量的草籽带入了田间，补充和增加了杂草的数量，未腐熟而含有杂草种子的肥料是导致农田杂草严重发生的原因之一，在生产上应高度重视这一问题，采用高温堆肥杀死杂草草籽是防止杂草危害的重要环节。

（5）高密度栽培 在防除农田杂草的措施中，常利用作物的高度和密度的荫蔽作用来控制和消灭杂草，即"以苗欺草"、"以高控草"、"以密灭草"。高秆作物如玉米、高粱、甘蔗等，多数杂草的高度都比这些作物低，80%～90%的杂草生长在这些作物的下部。高秆作物在与杂草竞争过程中，占据了空间，作物的光合作用是绝对优势，生长茂盛。而杂草生长在高秆作物的下部，空间占领少，透光差，见光少，光合作用受到抑制，使杂草得到的养分很少，产生饥饿，生长脆弱或死亡。

（6）迟播诱发　是利用作物的生物学特性和杂草的生长特点，有组织有计划的推迟作物的播种，使杂草提前出土，防除杂草后再进行播种的方法。

2. 植物检疫

是用规章制度防止检疫性杂草传播蔓延的有效方法。检疫对象如豚草、毒麦、野燕麦、菟丝子、假高粱等高度危害人、畜、作物的杂草，多来源于频繁的调种过程中，应做好产地检疫和各个环节的检疫，使种子生产专业化、加工机械化、质量标准化、品种合格化和经营专业化。

3. 中耕除草

针对性强，干净彻底，技术简单，不但可以防除杂草，而且给作物提供良好生长条件。在作物生长的整个过程中，根据需要可进行多次中耕除草，包括：人工铲除、机械中耕除草，可促进作物生长同时灭草。

4. 生物除草

利用生物技术，包括真菌、细菌、病毒、昆虫、动物、线虫等除草及以草克草和利用异株作用除草等内容。

微生物防除：鲁保一号防治大豆菟丝子，F793病菌（一种镰刀菌）防除瓜类列当等是菌类防除杂草的方法；昆虫、动物防除：如稻田放鸭，可吃掉部分杂草的草芽；利用鹅在向日葵田、烟草田中取食寄生性杂草列当；美国西部牧场引进一种甲虫消灭哈马斯草，国内已发现尖翅小卷蛾是香附子的天敌，斑水螟能取食眼子菜都是用昆虫防除杂草的方法。

5. 化学除草

利用化学方法防除杂草简称化学除草。即根据作物和杂草的生长特点和规律、化学除草剂的类型和对植物的作用原理、各种因素对除草剂的影响和在使用技术上的要求防除杂草的方法，实践证明，化学除草的方法是现代化除草方法，它是消灭农田杂草，保证作物增产的重要科学手段，已取得了显著的经济效益和社会效益。

四、常见鼠害及防治知识

（一）农田主要鼠种

我国地域广阔，地形复杂，气候多变，在动物地理区划上跨度大，农业鼠类有 15 个分布型和人类伴生型，主要害鼠有 80 余种。分布面广、数量多。危害重的主要害鼠有褐家鼠、小家鼠、黄毛鼠、大足鼠、黄胸鼠、中华姬鼠、黑线姬鼠、大仓鼠、黑线仓鼠、长尾仓鼠、长爪沙鼠、子午沙鼠、东北鼢鼠、中华鼢鼠、东方田鼠、棕色田鼠、五趾跳鼠、达乌尔鼠兔等 20 种。

（二）鼠类危害

农田害鼠在农田和室内辗转危害，危害面广。危害农林业、工业、商业、交通、通讯等行业；传染疾病；干扰人们的正常生活、工作、休息、娱乐；咬毁衣物、家具；污染食品等拖走贵重物品、钱，引发错案和家庭纠纷等。但以危害农作物和传染疾病最突出。

鼠传病对人类的危害现已查明，我国有 25 种人类疾病与鼠有关。其中，最严重的疾病有鼠疫、肾综合征出血热、莱姆病三种。据不完全统计，"八五"期间，我国每年因鼠危害损失粮食、棉花和甘蔗分别为 300 万吨、2 万吨和 10 万吨，1994 年江西省水稻面积 153 万公顷，受害重的稻田减产 3～5 成；广西壮族自治区贵港市一农户鼠害损失稻谷 1.25 吨。害鼠给农作物造成巨大损失的同时，给畜牧、水产业、江河（围）堤也造成很大的危害。家禽家畜饲养场都建在田野、山坡上，害鼠终年盗食饲料，咬死家禽幼苗。广东深圳某鸡场用耗饵法推算有鼠 10 吨，年盗食饲料 250 吨；江西省朝阳乡 1982 年上半年平均每户被害鼠咬死鸡 6.5 只。

（三）防治方法

鼠害防治是一项复杂的社会工程，要搞好灭鼠工作不仅要有技术支持，更要有强有力的组织领导。根据不同地区不同鼠种的发生、危害特点、取食行为、本地经济发展水平提出行之有效的防治技术。

1. 科学防治鼠害

中华人民共和国成立后，为了迅速扑灭鼠传疾病，在疫区和全国各地掀起群众性灭鼠高潮。此后灭鼠运动不熄，但科技含量低，20 世纪 80 年代，农、林、牧业鼠害大发生，要控制严重鼠害必须利用新技术。为此，国家把农牧区鼠害综合治理技术列入攻关项目。由中国科学院、省农科院、高校联合攻关，在华北平原和黄土高原旱作区、长江流域和珠江三角洲稻作区对危害甚大的大仓鼠、黑线仓鼠、中华鼢鼠、棕色田鼠、达乌尔黄鼠、褐家鼠、东方田鼠、黑线姬鼠、大足鼠、黄毛鼠、板齿鼠等 11 种害鼠进行研究。同时农业部全国植保总站组织 22 个省市自治区植保站、部分科研院校成立协作组，开展农田鼠害防治、预测预报研究、试验示范。经各方共同努力，研究提出了不同农业生态区、害鼠不同生活习性（地面活动与取食，终年地下生活、取食植物根茎，极少上地面）的综合治理技术。化工部门大量生产慢性灭鼠剂供灭鼠之用。综合防治技术的推广应用，实现高效、安全、经济控制鼠害的目的，作物鼠害率下降到 2% 左右，挽回巨大的经济损失。广东省东莞市 1986—2000 年就挽回水稻、甘蔗、水果（柑橘、香蕉等）、蔬菜、花生损失 1.79 亿元。

2. 以点带面，推广综合治理技术

"七五"期间，研究提出生态控制与化学灭鼠相结合的综合防治技术。生态控制措施包括恶化害鼠的生存环境，减少鼠粮均衡供给，保护天敌、发挥其自然控制作用等，从而降低害鼠生态

容纳量。在此基础上科学使用害鼠适性好、灭效高、安全的慢性灭鼠剂，综合治理技术与传统灭鼠方法有重大突破，为便于农村基层干部、群众接受，农业部和鼠害研究国家攻关承担单位都办了综合治理。为此多位科学家大声疾呼要宣传科学灭鼠。国家和地方利用电视、广播、印发资料、科技下乡、培训班、灭鼠现场会等多种途径普及灭鼠技术。农业部、各省市自治区的植保和科教部门，采用培训班的形式，开展大规模技术培训工作培训内容有：害鼠发生与危害规律、生态控制与化学灭鼠技术、灭鼠剂选择与毒饵配制、灭鼠与防病、预测预报等。

3. 加强灭鼠专业队的管理

应坚持"预防为主，综合防治"的防治方针，灭鼠效果的高低与灭鼠专业队员的技术水平、工作责任心直接相关。通过培训，使灭鼠专业队员逐步掌握毒饵配制和投放技术，这是灭鼠成功的首要条件。高度的责任感是灭鼠取得成功的保证。为此，除选择思想素质高的村民灭鼠外，还通过有效的管理保证灭鼠达到安全高效。检查好专业队员配制和投放毒饵的质量、效果，配制、使用、保管鼠药和毒饵是否符合安全要求。专业队员实行分片包干灭鼠责任制，投饵的面积和质量与报酬直接挂钩。

要因时、因地、因作物区别对待，以生态灭鼠为基础，化学药物毒鼠为重点，统一行动，做好防治工作。

4. 农业措施

农业措施主要是通过耕作等方法，创造不利于害鼠发生和生存的环境，达到防鼠减灾的目的，具有良好的生态效应和经济效应。

①科学调整作物布局，连片种植，可减少食源，并且有利于统一防治。

②彻底清除田间、地头、渠旁杂草杂物，消灭荒地，以便发现破坏；堵塞鼠洞，减少害鼠栖息藏身之处。

③采取深翻耕和精耕细作，消灭害鼠，提高作物抗鼠能力，

一般减少5%~10%损失，旱地作用尤为明显。

④灌水灭鼠。旱地在雨季集雨灌洞，水浇地保证冬、春、夏灌，可降低本田害鼠数量的30%~60%。

5. 化学药物防治

化学防治必须坚持"经济，安全，高效"的原则。

①投毒时期：针对优势种群，在麦油作物返青、春播作物面积大、害鼠繁殖危害上升的早春，进行第一次防治。第二次一般在9月中旬和10月上旬，此期秋收秋播正在进行，害鼠数量大，活动频繁，利于防治和减灾保苗。

②选择适宜饵料及药剂：饵料一般选择小麦、玉米及水果类（苹果、梨等），而药剂则应选择高玉米及水果类（苹果、梨等），而药剂则应选择高效、无二次中毒的0.5%的溴敌隆，7.5%的杀鼠迷及80%的敌鼠钠盐，效果均好。

③操作：一般采用湿润拌药或浸泡饵料，药、饵比例溴敌隆为0.005%，杀鼠迷水剂为0.037%；敌鼠钠盐0.02%。准备好后，统一行动，每667平方米撒150~200克，由四埂向地中心0~4米的范围内每隔5~6米放一小堆（10克左右）或将毒饵置于鼠洞内，每洞20克，然后封洞口，效果均很好。

6. 物理捕鼠

杀灭鼠类有采用鼠夹、鼠笼、粘鼠胶等器械杀灭方法。用鼠夹、鼠笼、捕鼠是一种有效的方法，但是，比毒饵灭鼠更费力，更需要专业技术，只适合用于小面积（如家庭）捕杀少数残存鼠或不适合使用灭鼠剂的场所。器械灭鼠的效果取决于捕鼠器的摆放位置、诱饵的引诱力以及捕鼠器的数量和使用人员的技术等因素。

（四）存在问题

在全世界害鼠大发生、鼠害严重、损失巨大的形势下，我国的鼠害控制取得令人瞩目的成就。但我们的鼠害防治与研究还处于起步阶段，缺乏有效的防治方法和技术，还存在很多灭鼠误区和问题，需要我们研究、克服。

1. 过分依赖化学灭鼠剂

化学灭鼠效果高、见效快、成本低、实施方便、省工，因而很受人们的欢迎。

2. 及时合理使用第二代慢性灭鼠剂

慢性灭鼠剂又叫抗凝血灭鼠剂，它具有适口性好、安全、灭效高的优点，成为国内外灭鼠首选药物。从毒杀抗性鼠的效果分，慢性灭鼠剂又分为第一代和第二代国外研究认为，害鼠一旦对二代慢性灭鼠剂产生抗药性，第一代灭鼠剂虽然没有使用过，害鼠也同样产生抗药性。所以使用灭鼠剂的策略是先用第一代，当害鼠产生抗药性时才用第二代。

3. 鼠情监测滞后，研究力量薄弱

农业部全国植保总站短期内在全国 90 个重点县设立鼠情监测点，开展鼠情监测工作。鼠情监测点发挥了灭鼠侦察兵和参谋作用。鼠传病主要发生区鼠情监测工作，成绩显著。但我国绝大多数县没有开展鼠情监测。鼠害种类、密度、发生与防治面积、效果、造成的损失等鼠情不明，不利于灭鼠领导机关作出科学的防治决策。全国从事鼠害防治研究的单位和人员、经费的经费投入都很少，研究的深度不够，防治技术有待提高。

第四章 农药基础知识

农药是指用来防治农、林、牧各业生产的有害生物（害虫、害蛹、病原菌、线虫、杂草及鼠类等）和调节植物生长发育的化学药品。

从世界范围看，农作物生产产量受病、虫、草害的影响。由于使用化学农药，全世界每年可挽回农产品损失量的 20% ~ 25%，价值 1 000 多亿美元。现在农药已广泛应用于农业生产的产前至产后的全过程，已成为农业生产不可缺少的生产资料。

一、农药的分类及其作用

农药可根据用途、化学结构和制作原料来源分类。

1. **按主要用途分类**

农药可以分为杀虫剂、杀蛹剂、杀菌剂、杀线虫剂、除草剂、植物生长调节剂、昆虫生长调节剂、杀鼠剂等。

2. **按化学结构分类**

现有的农药，从大的方面可以分为无机化学农药和有机化学农药。目前无机化学农药品种极少，而有机化学农药品种却越来越多。大致可分为：有机氯类、酚类、酸类、醚类、苯氧羧酸类、有机金属类以及多种杂环类。

3. **按来源分类**

（1）矿物源农药 矿物源农药是指来源于天然矿物的无机化合物，如砷化合物（砒霜）等。过去，有机合成农药不发达的时期，常用砷酸铅、砷酸钙这类天然矿物原料作农药。由于它们的毒性大、药效低，已逐渐被淘汰。仅有少数矿物农药如石灰硫黄合剂、波尔多液、王铜（氧氯化铜）等还在使用。在使用矿物源农药时必须注意药害，因为它们的使用浓度高，常会使农作物产生药害。施用时，一定要小心谨慎，注意喷药质量，选择适宜的天气施药。

（2）生物源农药 生物源农药是利用天然生物资源（如植物动物、微生物）开发的农药。由于其来源不同，可以分为植物源农药、动物源农药和微生物农药。

①植物源农药：种类繁多，性能也各不相同。如除虫菊素、烟碱、鱼藤酮、黎芦碱等具有杀虫活性；藤黄具有杀菌活性；海藻酸钠抗烟草花叶病；川楝、苦楝具有拒食性能；丁香油具有引诱果蝇的性能；香茅油有驱逐蚊子的作用；油菜素内酯具有调节植物生长发育的作用；芝麻素具有杀虫剂的增效作用。目前，在直接使用天然植物的基础上，许多研究单位和工厂已开发并注册登记了不少植物源农药的制剂，如鱼藤酮乳油、楝素乳油、皂素烟碱可溶性乳剂、双素碱水剂等。

②动物源农药：动物源农药虽经一段时间的开发研究，但是，数量不如植物源农药那么多，有的处于研究阶段，尚未商品化。例如，斑蝥产生的斑蝥素、沙蚕产生的沙蚕毒素，具有毒杀有害生物的活性。又如：昆虫分泌产生的微量化学物质，如蜕皮激素和保幼激素，具有调节昆虫生长发育的功能。昆虫外激素，即昆虫产生的作为种内或种间传输信息的微量活性物质，具有引诱、刺激、防御的功能。目前，应用得最多的是性引诱剂，它可以引诱昆虫，达到测报害虫发生和防治的目的。

③微生物农药：包括农用抗生素和活体微生物。农用抗生素是由抗生菌发酵产生的、具有农药功能的代谢产物，如井冈霉素、春雷霉素、有效霉素等，可以用来防治真菌病害；链霉素、土霉素可以用来防治细菌病害；浏阳霉素可以用来防治螨类；最新开发的阿维菌素可以用来杀灭害虫、害螨、家畜体内外寄生虫，用量低、效果好。活体微生物农药是利用有害生物的病原微

生物使有害生物本身得病而丧失危害能力。例如：白僵菌、绿僵菌是一类真菌杀虫剂（即本身是真菌，具有杀虫活性）；苏云金杆菌是一类细菌杀虫剂；核多角体病毒是一类病毒杀虫剂；鲁保一号是一类真菌除草剂。

（3）化学合成农药 是由人工研制合成的农药。目前用的主要是有机合成农药。合成农药的化学分子结构非常复杂，品种多，生产量大，应用范围广。其中，很多品种药效很高，被称为高效农药，有的甚至被称为超高效农药。例如：甲磺隆、绿磺隆、苯磺隆等都是超高效除草剂，每 667 平方米用量仅几克到十几克。此外，拟除虫菊酯类农药氯氰菊酯、溴氰菊酯等是仿除虫菊素合成的仿生农药。也是农田单位面积用量极小的超高效农药。今后的化学合成农药还有很大的发展前途，将要更加增多新品种，提高质量，使更有效地消灭病、虫、草、鼠各类农业有害生物。

二、常用农药使用技术

农药品种繁多，而且随着人们环保意识的增强，一些高效、低毒、低残留品种在不断的研制并投入生产，一些剧毒、高残留的农药逐渐淘汰，新的品种在不断增加。这里介绍的是目前使用较多的品种，也不乏一些传统农药。

（一）常用杀虫剂

1. 有机磷类杀虫剂

有机磷类杀虫剂是发展速度最快、品种最多、使用最广泛的一类药剂。具有药效高、杀虫作用方式多样、在生物体内易降解及对人、畜无积累毒性等特点。当前大量使用的主要有下列品种。

（1）敌百虫 属高效、低毒、广谱性杀虫剂。具强烈的胃毒作用，并兼有触杀作用。敌百虫除有 80%、90% 原药可直接对水使用外，还有 80% 和 85% 敌百虫可溶性粉剂、50% 可湿性粉剂、50% 乳油、25% 和 5% 粉剂及畜用敌百虫片剂等剂型，广泛用于防治农林害虫及家畜内外寄生虫。在选用敌百虫时应注意，该药剂以胃毒为主，对刺吸式口器害虫效果差故不宜使用。根据其遇碱转变为毒性更强的敌敌畏的特点，在用晶体或可溶性粉剂时宜加入对水量的 0.1% 以下的洗衣粉，可提高药效，但应现配现用，否则分解失效。

（2）毒死蜱 是广谱杀虫、杀螨剂，具有胃毒和触杀作用，在土壤中挥发性较高。适于防治柑橘潜叶蛾、桃蚜、介壳虫、小绿叶蝉、茶尺蠖、茶叶瘿螨等。制剂有 40%、48% 毒死蜱乳油，14% 毒死蜱颗粒剂。毒死蜱在碱性介质中易分解，可与非碱性农药混用。

（3）辛硫磷 属高效、低毒、低残留、广谱性杀虫剂。具胃毒及触杀作用，无内吸作用。对各种鳞翅目幼虫（甚至高龄幼虫）有特效。对多种农业害虫、卫生害虫、仓储害虫都有良好效果。还可用于防治蛴螬、蝼蛄等地下害虫。辛硫磷易被光解为无毒化合物，田间施药 3～4 天即分解失效，故适合在果、蔬、茶上使用。大田施药时应尽量避免阳光直接照射，最好在阴天或晴天的下午 4 时后进行。现有剂型为 50%、45% 乳油、5% 颗粒剂。

2. 氨基甲酸酯类杀虫剂

氨基甲酸酯类杀虫剂是一类含氮元素并具杀虫作用的化合物。由于原料易得，合成简便，选择性强，毒性较低，无残留毒性，现已成为一个重要类型。

（1）甲萘威 又称西维因，为广谱性杀虫剂，具胃毒、触杀作用。特别对当前不易防治的咀嚼式口器害虫如棉铃虫等防效好，对内吸磷等杀虫剂产生抗性的害虫也有良好防效。若将其与乐果、敌敌畏等农药混用，有明显增效作用。但对蜜蜂敏感。常用剂型有 25%、50% 可湿性粉剂和 40% 浓悬浮剂。

（2）异丙威　又称叶蝉散，为速效触杀性杀虫剂，见效快，持效短，仅 3～5 天。具选择性，特别对叶蝉、飞虱类害虫有特效。对蓟马也有效，对天敌安全。现有剂型为 2%、4% 粉剂、10% 可湿性粉剂、20% 乳油、20% 胶悬剂。与异丙威性质相近似的还有速灭威、巴沙、混灭威等。

（3）抗蚜威　又称辟蚜雾，属对蚜虫有特效的选择性杀虫剂，以触杀、内吸作用为主，20℃ 以上有一定熏蒸作用。杀虫迅速，能防治对有机磷杀虫剂有抗性的蚜虫，持效期短，对天敌安全，有利于与生防协调。剂型有 50% 可湿性粉剂及 50% 水分散颗粒剂等。

（4）吡虫啉　又称咪蚜胺，属强内吸杀虫剂。对蚜虫、叶蝉、粉虱、蓟马等效果好；对鳞翅目、鞘翅目、双翅目昆虫也有效。由于其具有优良内吸性，特别适于种子处理和作颗粒剂使用。对人、畜低毒。常见剂型有 10%、15% 可湿性粉剂。

（5）丁硫克百威　又称好年冬，为克百威的低毒化衍生物。具有触杀、胃毒、及内吸作用，持效期长。可防治多种害虫。对人、畜中等毒。常见剂型有 5% 颗粒剂、15% 乳油。

3. 拟除虫菊酯类杀虫剂

此类杀虫剂是模拟天然除虫菊素合成的产物。具有杀虫谱广、击倒力极强、杀虫速度极快、持效期较长、对人、畜低毒、几乎无残留等特点，以触杀为主并兼具胃毒作用，但对蜜蜂、蚕毒性大，产生抗药性快，应合理轮用和混用。

（1）联苯菊酯　又名天王星，具触杀、胃毒作用。对人、畜中等毒。可用于防治鳞翅目幼虫、蚜虫、叶蝉、粉虱、潜叶蛾、叶螨等。常见剂型有 2.5%、10% 乳油。

（2）甲氰菊酯　又名灭扫利，具触杀、胃毒及一定的忌避作用。对人、畜中等毒。可用于防治鳞翅目、鞘翅目、同翅目、双翅目、半翅目等害虫及多种害螨。常见剂型为 20% 乳油。

（3）溴氰菊酯　又名敌杀死，具强触杀作用，兼具胃毒和一定的杀卵作用。该药对植物吸附性好，耐雨水冲刷，残效期长达 7~21 天，对鳞翅目幼虫和同翅目害虫有特效。对人、畜中等毒。常见剂型有 2.5% 乳油、25% 可湿性粉剂。

（4）氰戊菊酯 又名速灭杀丁，具强触杀作用，有一定的胃毒和拒食作用。效果迅速，击倒力强。对人、畜中毒。对鱼、蜜蜂高毒。可用于防治鳞翅目、半翅目、双翅目的幼虫。常见剂型为 20% 乳油。

（5）三氟氯氰菊酯 又名功夫，具强触杀作用，并具胃毒和驱避作用。速效、杀虫谱广。对鳞翅目、半翅目、鞘翅目的害虫均有良好的防治效果。对人、畜中等毒。常见剂型有 2.5% 乳油。

（6）氟胺氰菊酯 又名马扑立克，具触杀及胃毒作用。为广谱杀虫、杀螨剂。可防治蚜虫、叶蝉、温室白粉虱、蓟马及鳞翅目害虫。对人、畜中等毒。常见剂型有 24% 乳油，10%、20%、30% 的可湿性粉剂。

4. 沙蚕毒素类杀虫剂

沙蚕毒素类杀虫剂是一类含氮元素的有机合成杀虫剂，在虫体内可形成有毒物质沙蚕毒素，阻断乙酰胆碱的传导刺激作用达到杀虫效应。

（1）杀螟丹 又称巴丹，属广谱性触杀、胃毒杀虫剂，兼有内吸和杀卵作用。对人、畜中等毒，对蚕毒性大，对十字花科蔬菜幼苗敏感。剂型为 50% 可溶性粉剂。

（2）杀虫双 高效、中等毒、广谱性杀虫剂。具强触杀、胃毒、兼熏蒸、内吸和杀卵作用。对家蚕毒性很大，桑园内禁用。剂型有 25% 水剂、3% 及 5% 颗粒剂、5% 包衣大粒剂。

5. 苯甲酰脲类杀虫剂

该类杀虫剂属抗蜕皮激素类杀虫剂，被处理的昆虫由于蜕皮或化蛹障碍而死亡，有些则干扰 DNA 合成而绝育。

（1）除虫脲 又称灭幼脲一号，以胃毒作用为主，抑制昆虫表皮几丁质合成，阻碍新表皮形成，致幼虫死于蜕皮障碍，卵内幼虫死于卵壳内，但对不再蜕皮的成虫无效。对鳞翅目幼虫有特效（但对棉铃虫无效），对双翅目、鞘翅目也有效。对人、畜毒性低，对天敌安全，无残毒污染，但对家蚕有剧毒，蚕区应慎用。剂型有25%可湿性粉剂和20%浓悬浮剂。

（2）定虫隆　又称抑太保，与除虫脲相近似，但对棉铃虫、红铃虫也有防效，而施药适期应在低龄幼虫期，杀卵应在产卵高峰至卵盛孵期为宜。剂型有5%乳油。

6. 生物源杀虫剂

生物源杀虫剂有些也属于生物防治中利用微生物来防治害虫的研究范畴，是目前综合防治中提倡使用的一类杀虫剂。

（1）阿维菌素　是新型抗生素类杀虫、杀螨剂。具触杀和胃毒作用。对于鳞翅目、鞘翅目、同翅目、斑潜蝇及螨类有高效。对人、畜低毒。常见剂型有1.0%、0.6%、1.8%乳油。

（2）苏云金杆菌　该药剂是一种细菌性杀虫剂，杀虫的有效成分是细菌及其产生的毒素。原药为黄褐色固体，属低毒杀虫剂，可用于防治直翅目、双翅目、膜翅目、特别是鳞翅目的多种害虫。常见剂型有可湿性粉剂（100亿活芽孢/克）。Bt乳剂（100亿活芽孢/毫升）可用于喷粉、喷雾、灌心等。也可用于飞机防治。可与敌百虫、菊酯类等农药混合使用，效果好速度快。但不能与杀菌剂混用。

（3）白僵菌　该药剂是一种真菌性杀虫剂，不污染环境，害虫不易产生抗性。可用于防治鳞翅目、同翅目、膜翅目、直翅目等害虫。对人、畜及环境安全，对蚕感染力强。其常见的剂型为粉剂（每1克菌粉含有孢子50亿~70亿个）。

（4）核多角体病毒　该药剂是一种病毒杀虫剂。具有胃毒作用。对人、畜、鸟、益虫、鱼及环境安全，对植物安全，害虫不易产生抗药性，但不耐高湿，易被紫外线照射失活，对害虫作用较慢。常见的剂型为粉剂、可湿性粉剂，适于防治鳞翅目害虫。

（5）鱼藤酮　该药为一种植物性杀虫剂，有效成分来自植物鱼藤，对人、畜中等毒，对害虫具有很强的触杀和胃毒作用，也有一定驱避作用，但对鱼类高毒，遇碱易分解，切忌在鱼塘附近使用，也不可与其他碱性农药混用。常见的剂型有 2.5%、5%、7.5% 乳油、4% 粉剂，可用于防治蚜虫和鳞翅目幼虫。

7. 混合杀虫剂

混合杀虫剂是两种或两种以上的杀虫剂混合配制而成的复配制剂，以做到一药多用，省工省力。

（1）增效氰马　又名灭杀毙，由氰戊菊酯、马拉硫磷和增效磷混配而成。以触杀、胃毒作用为主，兼有拒食、杀卵、杀蛹作用。可防治蚜虫、叶螨、鳞翅目害虫。对人、畜中毒。常见剂型有 21% 乳油。

（2）菊乐　又名速杀灵，由氰戊菊酯和乐果按 1：2 的比例混配而成。具触杀、胃毒及一定的内吸、杀卵作用。可防治蚜虫、叶螨及鳞翅目害虫。对人、畜中等毒。常见剂型为 30% 乳油。

（3）氰久　又名丰收菊酯，由 3.3% 氰戊菊酯和 16.7% 久效磷混配而成。具触杀、胃毒及内吸作用。可防治蚜虫、叶螨及鳞翅目害虫，对人、畜高毒。常见剂型为 20% 乳油。

（4）机油·溴氰　又名增效机油乳剂、敌蚜螨，由机油和溴氰菊酯混配而成。具强烈触杀作用，为广谱性的杀虫、杀螨剂。可防治蚜虫、叶螨、介壳虫以及鳞翅目幼虫等。对人、畜低毒。常见剂型有为 85% 乳油。

（二）常用杀螨剂

从上述杀虫剂的防治对象可以看出，许多杀虫剂都兼有杀螨效果，有时很难将杀虫剂与杀螨剂分开，一般按其主要作用归类。这里列出的杀螨剂主要是以其杀螨作用为主。

（1）浏阳霉素　为抗生素类杀螨剂。对多种叶螨有良好的触杀作用，对螨卵有一定的抑制作用。对人、畜低毒，对植物及多种天敌安全。对于鳞翅目、鞘翅目、同翅目、斑潜蝇也高效。常见剂型为10%的乳油。

（2）噻螨酮　又称尼索朗，对螨卵、幼螨、若螨具强杀作用。药效迟缓，一般施药后7天才显药效。残效达50天左右。属低毒杀螨剂。常见剂型有5%乳油、5%可湿性粉剂。

（3）三唑锡　是一种触杀性强的杀螨剂。可杀灭若螨、成螨及夏卵，对冬卵无效。对人、畜中等毒。常见剂型有25%可湿性粉剂。

（4）克螨特　具有触杀、胃毒作用，无内吸作用。对成螨、若螨有效，杀卵效果差。对人、畜低毒，对鱼类高毒。常见剂型为73%乳油。

（5）苯丁锡　又名托尔克。对害螨以触杀为主，作用缓慢。对幼螨、若螨、成螨有效，对卵效果不好。对人、畜低毒。但对眼睛、皮肤和呼吸道刺激性较大。该药为感温型杀螨剂，22℃以下时活性降低，15℃以下时药效差，因而冬季勿用。常见剂型有25%、50%可湿性粉剂、25%悬浮剂。

（6）唑螨酯　又称杀螨王，对螨类以触杀作用为主，杀螨谱广，并具有杀虫治病作用。除对螨类有效外，对蚜虫、鳞翅目害虫以及白粉病、霜霉病等也有良好的防效。对人、畜中等毒。常见剂型为5%悬浮剂。

（三）　常用杀菌剂

杀菌剂除按作用方式分为保护剂和治疗剂外，生产上也常常按是否能被植物吸收和传导分为非内吸性杀菌剂和内吸性杀菌剂。

1. 非内吸性杀菌剂

（1）波尔多液　是由硫酸铜和生石灰、水按一定比例配成的天蓝色胶悬液，呈碱性，有效成分为碱式硫酸铜。一般应现配现用，其配比因作物对象而异。生产上多用等量式。即硫酸铜、石灰、水按 1∶1∶100 的比例配制。还有石灰半量式、石灰倍量式等，应视作物而选择。此药是一种良好的保护剂，应在植物发病前施用，防治谱广，但对白粉病和锈病效果差。使用时可直接喷雾，一般药效可维持 15 天左右。对易受铜素药害的植物，如桃、李、梅、鸭梨、苹果等，可用石灰倍量式波尔多液，以减轻铜离子产生的药害。对于易受石灰药害的植物，可用石灰半量式波尔多液。在植物上使用波尔多液后一般要间隔 20 天才能使用石硫合剂，喷施石硫合剂后一般也要间隔 10 天才能喷施波尔多液，以防发生药害。

（2）石硫合剂 是由石灰、硫磺加水按 1∶1.5∶13 的比例熬煮而成的。过滤后母液呈透明琥珀色，具较浓臭蛋气味，呈碱性。具杀虫、杀螨、杀菌作用。使用浓度因植物种类、防治对象及气候条件而异。北方冬季果园用 3～5 波美度，而南方用 0.8～1 波美度为宜，可防除越冬病菌、果树介壳虫及一些虫卵。在生长期则多用 0.2～0.5 波美度的稀释液，可防治病害与红蜘蛛等害虫。植株大小和病情不同用药量不同。还可防治白粉病、锈病及多种叶斑病。

2. 内吸性杀菌剂

（1）甲霜灵 具内吸和触杀作用，在植物体内能双向传导，耐雨水冲刷，残效期 10～14 天，是一种高效、安全、低毒的杀菌剂。对霜霉病、疫霉病、腐霉病有特效，对其他真菌和细菌病害无效。常见剂型有 25% 可湿性粉剂、40% 乳剂、35% 粉剂、5% 颗粒剂。可与代森锌混合使用，提高防效。

（2）甲基托布津 为一种广谱性内吸杀菌剂，对多种植物病害有预防和治疗作用。残效期 5～7 天。常见剂型有 50%、70% 可湿性粉剂，40% 胶悬剂。

3. 农用抗菌素类

（1）农抗 120 是一种嘧啶核苷类杀菌抗生素。属于低毒、广谱、无内吸性杀菌剂，有预防和治疗作用。具有无残留、不污染环境、对植物和天敌安全。本产品对多种植物病原菌有较好抑制作用，对植物有刺激生长作用。常见剂型有 2% 的农抗 120 水剂。

（2）武夷菌素 是一种链霉素类杀菌剂。属于低毒、高效、广谱和内吸性强的杀菌抗生素药剂，有预防和治疗作用。对革兰氏菌、酵母菌有抑制作用，但对病原真菌的抑制活性更强。具有无残留、无污染、不怕雨淋、易被植物吸收，能抑制病原菌的生长和繁殖的特点。

（四）杀线虫剂

（1）线虫必克 是由厚孢轮枝菌研制而成的微生物杀线虫剂。属于低毒性药剂，对皮肤和眼睛无刺激作用，对植物安全。厚孢轮枝菌在适宜的环境条件下产生分生孢子，分生孢子萌发产生的菌丝寄生于线虫的雌虫和卵，使其致病死亡。

（2）棉隆 又名必速克，为广谱性的熏蒸性杀线虫、杀菌剂。对人、畜低毒，对眼睛有轻微刺激作用，对鱼、虾中等毒、对蜜蜂无毒。本产品易在土壤中扩散，能与肥料混用，不会在植物体内残留，不但能全面持久地防治多种地下线虫，而且能兼治土壤中的真菌、地下害虫。目前，所使用的主要剂型为 90% 棉隆粉剂。

（3）威百亩 属于低毒杀线虫剂，对眼睛有刺激作用，对鱼高毒，对蜜蜂无毒。对线虫具有熏杀作用，多作土壤熏蒸剂，适用于播种前的土壤处理，对线虫的杀伤快速、高效，在土壤中残留时间短，对环境安全。同时，对植物病原菌和杂草也具有较强的杀灭作用。目前，所使用的主要剂型为 35% 威百亩水剂。

（4）灭线磷 是一种有机磷类高效触杀性杀线虫剂，在酸性溶液中稳定，在碱性介质中迅速分解，对光和温度稳定性好。具有强烈的触杀作用，并兼有胃毒作用，无熏蒸作用和内吸传导作用。根施后很少传到地上部分，残留量少，残留期短，降解产物对人畜无危害，环境较安全。对蔬菜和观赏植物等植物的根结线虫有特效，并对地下害虫中鳞翅目、鞘翅目的幼虫和直翅目、膜翅目的一些种类也具有良好的防治效果。主要剂型有 10% 灭线磷颗粒剂和 40% 灭线磷乳油。

三、农药安全使用

农药大多对人、畜和其他生物都具有不同程度的毒性，所以，在使用农药防治农业植物病虫害的同时，要做到对人、畜安全，对植物安全，对环境安全。

（一）农药的安全使用原则

农药是重要的农业生产资料，在农业有害生物的应急防控工作中有着不可替代的地位和作用，同时，农药也是一种有毒易燃的物质。农药使用要求的技术性强，使用得好，可以防治农业有害生物，保护农业生产安全；使用不当，则会造成作物药害、农药残留量超标、环境污染、人畜中毒事故的发生。

1. 自觉抵制禁用农药

掌握国家明令禁止使用的甲胺磷、甲基对硫磷、对硫磷、久效磷、磷胺等 23 种农药以及甲拌磷、甲基异柳磷、特丁硫磷、甲基硫环磷、治螟磷、内吸磷、克百威、涕灭威、灭线磷、环磷、蝇毒磷、地虫硫磷、氯唑磷、苯线磷等 14 种在蔬菜、果树、茶叶、中草药材上限制使用的农药。在生产中要严格遵守相关规定，限制选用，并积极宣传。

2. 选用对路农药

市场上供应的农药品种较多，各种农药都有自己的特性及各自的防治对象，必须根据药剂的性能特点和防治对象的发生规律，选择安全、有效、经济的农药，做到有的放矢，药到"病虫"除。

3. 科学使用农药

农作物病虫防治，要坚持"预防为主，综合防治"的方针，在搞好农业、生物、物理防治的基础上，实施化学药剂防治。开展化学防治把握好用药时期，绝大多数病虫害在发病初期，危害轻，防治效果好，大面积暴发后，即使多次用药，损失也很难挽回。因此，要坚持预防和综防，尽可能减少农药的使用次数和用量，以减轻对环境及产品质量安全的影响。

4. 采用正确的施药方法

施药方法很多，各种施药方法都有利弊，应根据病虫的发生规律、危害特点、发生环境等情况确定适宜的施药方法。例如：防治地下害虫，可用拌种、毒饵、毒土、土壤处理等方法；防治种子带菌的病害，可用药剂拌种或温汤浸种等方法。由于病虫危害的特点不同，施药的重点部位也不同，如防治蔬菜蚜虫，喷药重点部位在菜苗生长点和叶背；防治黄瓜霜霉病着重喷叶背；防治瓜类炭疽病，叶正面是喷药重点。

5. 掌握合理的用药量和用药次数

用药量应根据药剂的性能、不同的作物、不同的生育期、不同的施药方法确定。如作物苗期用药量比生长中后期少。施药次数要根据病虫害发生时期的长短、药剂的持效期及上次施药后的防治效果来确定。

6. 注重轮换用药

对一种防治对象长期反复使用一种农药，很容易使这种防治对象对这种农药产生抗性，久而久之，施用这种农药就无法控制这种防治对象的危害。因此，要注重轮换、交替施用对防治对象作用不同的农药。

7. 严格遵守安全间隔期规定

农药安全间隔期是指最后一次施药到作物采收时的天数，即收获前禁止使用农药的天数。在实际生产中，最后一次喷药到作物收获的时间应比标签上规定的安全间隔期长。为保证农产品残留不超标，在安全间隔期内不能采收。

（二）对人、畜安全

1. 农药的毒性

农药毒性是指农药对人、畜等的毒害特性。人们在使用农药的过程中，如没有做到安全用药，农药可通过口、皮肤、呼吸道而到达体内，常会引起农药中毒。农药中毒主要表现有急性中毒、亚急性中毒和慢性中毒3种，也称为农药的急性毒性、亚急性毒性和慢性毒性。

（1）急性毒性　是指农药一次经口服、皮肤接触、或通过呼吸道吸入一定剂量的农药在短期内（数十分钟或数小时内）表现恶心、头痛、呕吐、出汗、腹泻和昏迷等中毒症状甚至死亡。衡量农药急性毒性的高低，通常多用大白鼠一次受药的致死中量（LD_{50}）或致死中浓度（LC_{50}）来表示。致死中量是指杀死供试生物种群50%时，所用的药物剂量（毫克/千克体重）或浓度（毫克/升）。一般讲，LD_{50}或LC_{50}的数值越小，药物毒性越高。

（2）亚急性毒性　指低于急性中毒剂量的农药，被长期连续地经口、皮肤或呼吸道进入动物体内，在3个月以上才引起与急性中毒类似症状的毒性。一般以微量农药长期喂养动物，至少经过3个月以上的时间，观察和鉴定农药对动物所引起的各种形态、行为、生理、生化的变异，如有无中毒症状、取食量的变化、体重的增减、血中胆碱酯酶活性有无下降等，来测定亚急性毒性。当测定进入动物体内引起中毒的每日最低剂量，对安全使用农药和制定农产品上允许残留药量，有重要参考价值。

（3）慢性毒性　指长期经口、皮肤或呼吸道吸入小剂量药剂后，逐渐表现出中毒症状的毒性。慢性中毒症状主要表现为致癌、致畸、致突变。这种毒害还可延续给后代。故农药对环境的污染所致的慢性毒害更应引起人们的高度重视。

2. 防止人、畜中毒的措施

农药的急性中毒，大多是由于误食、滥用、操作不当、对剧毒农药管理不严所引起。农药的慢性中毒，主要是使用不当所造成。应针对这些中毒原因，采取安全用药措施，谨防农药中毒。

①健全农药保管措施：农药要有专人、专仓或专柜保管，并须加锁，要有出入登记账薄，绝对不能和食物混放一室，更不能放在卧房。用过的空瓶、药袋要收回妥善处理，不得随意拿放，更不得盛装食物；用药的器具也要有明显的标记，不可随意乱用。如果发现药瓶上标签脱落，应随即补贴，以防误用。

②严格遵守操作规程：配药或施药时，要穿工作服，戴口罩和手套，严禁用手直接接触农药。施药时，要选派身体健康、并具有一定植物知识和技术的成年人，小孩、老人、孕期及哺乳期妇女、体弱多病、皮肤病患者等不宜施药。施药时不得吃东西、饮酒、抽烟和开玩笑；一次施药连续时间不得过长，一般不要超过 6 小时；不要逆风喷药；避免中午高温施药。施药后要用肥皂洗净手、脸，换洗衣库等，不得不洗手就进食。凡接触过药剂的用具，应先用 5% ~10% 碱水或石灰水浸泡，再用清水洗净。在人口密集的地区、居民区等处喷药时，要尽量安排在夜间进行，若必须在白天进行，应采取防护措施，如在施农药的地块竖立警示标志，防止人、畜误入造成意外事故。

③控制剧毒和高残留农药的滥用：农药的使用要严格按照国家的农药安全使用标准，严格控制剧毒和高残毒农药的滥用，不得随意提高浓度、扩大使用范围和增加使用次数。特别对于一些既可观赏又可食果的农业植物，要注意最后一次施药与果实收获的安全间隔期，以及国家规定的农药在果实上的最大残留允许量，不得超标。

3. 农药中毒的解救办法

农药中毒多属急性发作且严重，必须及时采取有效措施。常用的方法有：

①急救处理：是在医生未来诊治之前，为了不让毒物继续存留人体内而采取的一项紧急措施。凡是口服中毒者，应尽早进行催吐（用食盐水或肥皂水催吐，但处于昏迷状态者不能用）、洗

胃（插入橡皮管灌入温水反复洗胃）及清肠（若毒物入肠则可用硫酸钠 30 克加入 200 毫升水一次喝下清肠）。如因吸入农药蒸气发生中毒，应立即把患者移置于空气新鲜暖和处，松开患者衣扣，并立即请医生诊治。

②对症治疗：在农药中毒以后，若不知由何农药引起，或知道却没有解毒药品，就应果断地边采用对症疗法，边组织送往有条件的医院抢救治疗。如对呼吸困难患者要立即输氧或人工呼吸（但氯化苦中毒忌人工呼吸）；对心搏骤停患者可用拳头连续叩击心前区 3～5 次来起搏心跳；对休克患者应让其脚高头低，并注意保暖，必要时需输血、氧或人工呼吸；对昏迷患者，应将其放平，头稍向下垂，使之吸氧，或针刺人中、内关、足三里、百会、涌泉等穴并静脉注射苏醒剂加葡萄糖；对痉挛患者用水合氯醛灌肠或肌注苯巴比妥钠；对激动和不安患者也可用水合氯醛灌肠或服用醚缬草根滴剂 15～20 滴；对肺水肿患者应立即输氧，并用较大剂量的肾上腺皮质激素、利尿剂、钙剂和抗菌素及小剂量镇静剂等。总之，对农药中毒的患者，首先要立即将患者抬离中毒现场，再尽其所能进行对症治疗，因不同农药中毒的治疗差异，所以，关键还是送往有条件的就近医院抢救。

（三）对植物安全

对植物安全主要是指在农药的使用过程中，对所栽培的农业植物不产生药害。

1. 药害

药害是指农药使用不当，对植物的生长发育不利影响，导致产量和质量下降。农药对植物的药害主要可分为急性药害和慢性药害。急性药害是在用药几小时或几天内叶片很快出现斑点、失绿、黄化等，甚至出现"烧焦"或"畸形"，果实变褐，表面出现药斑，根系发育不良或形成黑根、"鸡爪根"，种子不能发芽或幼苗畸形，严重时造成落叶、落花、落果，甚至全株枯死。慢性药害是用药后，药害现象出现相对缓慢，如植株矮化，生长发育受阻，开花结果延迟，落花落果增多，产量低，品质差等。除外，农药对植物和药害还有残留药害和二次药害等。

2. 药害的原因及预防措施

产生药害的原因很多，主要是药剂（如理化性质、剂型、用药量、农药品质、施药方法等），植物（如植物种类、品种、发育阶段、生理状态等）和环境条件（如温度、湿度、光照、土壤等）三大方面。这些因素在自然环境中是紧密联系又相互影响的。具体表现在：

（1）农药种类选择不当容易产生药害　如波尔多液含铜离子浓度较高，如果用于木本植物、草本花卉的幼嫩组织，易产生药害。石硫合剂防治白粉病效果颇佳，但由于其具有腐蚀性及强碱性，用于瓜叶菊等草本花卉时易产生药害。

（2）部分花卉对某些农药品种过敏容易产生药害　不同植物对农药的耐受力是不同的，即使是同一植物，而不同的生育期对农药也有不同的反应。有些花卉性质特殊，即使在正常使用情况下，也易产生药害。桃、李等对波尔多液敏感等。

（3）在花卉敏感期用药容易产生药害　各种花卉的开花期是对农药最敏感的时期之一，尽量不要用药，否则容易产生药害，造成落花落果。

（4）高温、雾重及相对湿度较高时容易产生药害　温度高时，植物吸收药剂及蒸腾较快，使药剂很快在叶尖、叶缘集中过多而产生药害；雾重、湿度大时，药滴分布不均匀也易出现药害。

（5）农药浓度过高、用量过大容易产生药害　如为了防治具有抗性的病虫，随意提高使用浓度和加大用量，容易产生药害。

因此，在使用农药前必须针对药害的原因，综合分析，全面权衡，控制不利因素，最后制定出安全、可靠、有效的措施，必要时，可先做小面积试验或试用，以避免植物药害。例如：农业植物的花期尽量避免用药；草甘膦和百草枯属于灭生性除草剂，在苗圃中使用时要注意不要施用到幼苗上；施药最好在天气比较凉爽，温度不高时进行等。如果不慎发生植物药害，还必须采取急救措施。如根据根施或叶喷的不同用药方式，可分别采用清水冲根或叶面淋洗的办法，去除残留毒物。此外，还要加强肥水管理，使之尽快恢复健康，消除或减轻药害造成的影响。

总之，在农业植物病虫害的防治过程中，要遵循"预防为主，综合防治"的植保方针。最大限度地发挥抗病虫品种与生物防治等的综合作用，把农药用量控制到最低限度，最大限度地减少农药对环境的污染，为人类造福。

（四）施药安全防护注意事项

①施药人员应身体健康，经过培训，具备一定植保知识。年老、体弱人员，儿童及孕期、哺乳期妇女不能进行施药作业。

②检查施药药械是否完好。喷雾器中的药液不要装得太满，以免药液溢漏，污染皮肤和防护衣物；施药场所应备有足够的水、清洗剂、急救药箱、修理工具等。

③穿戴防护用品。如手套、口罩、防护服等，防止农药进入眼睛、接触皮肤或吸入体内。施药结束后，应立即脱下防护用品，装入事先准备好的塑料袋中。带回后立即清洗 2~3 遍，晾干存放。

④注意施药时的安全。下雨、大风天气、高温时不要施药；要始终处于上风位置施药，不要逆风施药；施药期间不准进食、饮水、吸烟；不要用嘴去吹堵塞的喷头，应用牙签、草秆或水来疏通。

⑤掌握中毒急救知识。如农药溅入眼睛内或皮肤上，及时用大量清水冲洗；如出现头痛、恶心、呕吐等中毒症状，应立即停止作业，脱掉污染衣服，携农药标签到最近的医院就诊。

⑥正确清洗施药器械。施药药械每次用后要洗净，不要在河流、小溪、井边冲洗，以免污染水源。农药废弃包装物严禁作为

它用，不能乱丢，要集中存放，妥善处理。

四、无公害农药使用与环境保护

无公害农药具体地说：就是在施用农药防治蔬菜病虫害时，只能使用无公害农药，每亩用药量必须从实际出发，通过试验，确定经济有效的使用浓度和药量，不宜过高过低，一般要求杀虫效果90%以上，防病效果80%以上称为高效农药；使用（LD_{50}）致死中量值超过500毫升／千克体重的低毒农药；采收的商品蔬菜要注意农药安全间隔期，使其农药残留量务必低于国家规定的允许标准。

（一）选择适合的农药

1. 优先选择生物农药

常用的生物杀虫杀螨剂有：Bt、阿维菌素、浏阳霉素、华光霉素、鱼藤酮、苦参碱、藜芦碱等；杀菌剂有：井冈霉素、春雷霉素、多抗霉素、武夷菌素等。

2. 合理选用化学农药

严禁使用剧毒、高毒、高残留、高生物富集体、高三致（致畸、致癌、致突变）农药及其复配制剂。如甲胺磷、杀虫脒、杀扑磷、六六六、滴滴涕、甲基异柳磷、涕灭威、灭多威、磷化锌、甲拌磷、甲基对硫磷、对硫磷、久效磷、有机汞制剂等。选择高效、低毒、低残留的化学农药。限定使用的化学类杀虫杀螨剂有：敌百虫、辛硫磷、敌敌畏、乐斯本、氯氰菊酯、溴氰菊酯、灭幼脲、除虫脲、噻嗪酮等；杀菌剂有：波尔多液、DT、可杀得、多菌灵、百菌清、甲基托布津、代森锌、乙膦铝、甲霜灵、磷酸三钠等。

（二）掌握无公害蔬菜农药使用技术

1. 对症下药

在充分了解农药性能和使用方法的基础上，根据防治病虫害种类，选用合适的农药类型或剂型。

2. 适期用药

根据病虫害的发生规律，严格掌握最佳防治时期，做到适时用药。对病害要求在发病初期进行防治，控制其发病中心，防止其蔓延发展，一旦病害大量发生和蔓延就很难防治；对虫害则要求做到"治早、治小、治了"，虫害达到高龄期防治效果就差。不同的农药具有不同的性能，防治适期也不一样。生物农药作用较慢，使用时应比化学农药提前 2~3 天。

3. 科学用药

要注意交替轮换使用不同作用机制的农药，不能长期单一化，防止病原菌或害虫产生抗药性，利于保持药剂的防治效果和使用年限。蔬菜生长前期以高效低毒的化学农药和生物农药混用或交替使用为主，生长后期以生物农药为主。使用农药应推广低容量的喷雾法，并注意均匀喷施。

4. 选择正确喷药点或部位

施药时根据不同时期不同病虫害的发生特点确定植株不同部位为靶标，进行针对性施药。达到及时控制病虫害发生，减少病原和压低虫口数的目的，从而减少用药。例如：霜霉病的发生是由下边叶开始向上发展的，早期防治霜霉病的重点在下部叶片，可以减轻上部叶片染病。蚜虫、白粉虱等害虫栖息在幼嫩叶子的背面，因此喷药时必须均匀，喷头向上，重点喷叶背面。

5. 合理混配药剂

采用混合用药方法，达到一次施药控制多种病虫危害的目的。但农药混配要以保持原有效成分或有增效作用，不增加对人、畜的毒性并具有良好的物理性状为前提。一般各中性农药之间可以混用；中性农药与酸性农药可以混用；酸性农药之间可以混用；碱性农药不能随便与其他农药混用；微生物杀虫剂（如Bt）不能同杀菌剂及内吸性强的农药混用；混合农药应随配随用。

6. 严格按照期限执行农药安全间隔

菊酯类农药的安全间隔期 5 ~ 7 天，有机磷农药 7 ~ 14 天，杀菌剂中百菌清、代森锌、多菌灵 14 天以上，其余 7 ~ 10 天。农药混配剂执行其中残留性最大的有效成分的安全间隔。

（三）对环境安全

对环境的安全主要是农药的使用时，要避免对大气、水域和土壤的污染，要避免对天敌及其他有益生物的杀伤。

据观测，在田间喷撒农药时只有 10% ~ 30% 的药物附着在植物上，其余的则降落在地面上或飘浮于空气中。而附着在植物上的药物也只有很少部分渗入植物体内，大部分又挥发进入大气或经雨淋降落到土壤或水域。进入环境的农药，经过挥发、沉降和雨淋作用，在大气、水域和土壤等环境要素之间进行重复交叉污染，最终将有一部分通过食物链的关系进入到最高营养层次的人类体内，造成对人体的累积性慢性毒害。这一问题现已成为世界各国严重关注的环境问题。同时，广谱剧毒农药的使用，也杀伤了大量的天敌和其他有益生物，打破了生态平衡，引起了害虫再猖獗和次要害虫上升为主要害虫等问题。因此，农药使用中要注意环境安全越来越受到重视。主要预防措施有如下。

1. 选用高效、低毒、低残留农药

要逐步停止使用剧毒和高残毒农药，选择对病虫、杂草等特有酶系起抑制作用或激发植物抗病虫能力，以及对人、畜等高等动物低毒，施用于绿地易被日光和微生物分解，即使大量使用也不污染环境的农药。对有些高毒的农药，可改用低毒化的剂型，如使用 3% 呋喃丹颗粒剂对环境较安全等。

2. 选用植物源等天然来源的农药

尽量避免使用化学合成的其化学结构自然界中并不存在的农药。如果农药中的有效成分结构是自然界中天然存在的，这种物质一般都有相应分解它的微生物群，在自然界中容易分解，不致造成对环境的污染。如植物源农药印楝素、拟除虫菊脂类、抗菌素、特异性农药、植物防御素等。再如：氨基甲酸脂类化合物结构接近天然物质，在生物体内和环境中也易分解，无累积毒性，也可考虑选用。另外，还可选用生物农药，尽量减少化学农药的使用对环境的污染。

3. 选择合理的施药方法

除了选择对天敌及其他有益生物杀伤小的农药外，还可采用隐蔽施药的方法，尽量减少对天敌的杀伤。如选用种子处理、性引诱剂、毒饵诱杀等方法较喷雾对天敌杀伤小；喷雾要多选用低容量、超低容量；尽量避免喷粉、喷粗雾和泼浇法的使用。

五、常用农药的质量鉴别

农药"三证"是指农药生产许可证、农药标准证书和农药登记证。每一个生产农药厂家的每一个商品化的农药产品，在农药标签上都必须有"三证"的三个批号。不同厂家生产同一种农药也都有各自的"三证"。如果"三证"不齐全，或假冒其他厂家的"三证"，这个产品就属于假冒伪劣产品。

如果一个农药产品虽然有了"三证"，但是，产品的质量实际达不到"三证"规定的要求，也属于劣质次品。因此，"三证"也是检查监督农药产品质量的重要依据。

1. 农药生产许可证

农药是精细化工品，也是有毒物质。为保证农药产品的质量，国家规定生产农药的厂家必须具备特定的厂房、设施、技术、管理等条件，经省、自治区、直辖市化工厅（局）审查上报化工部批准后才能生产。国家对于农药的生产有一定的布局和限制，生产许可证就是获得国家批准允许生产的重要证书。

2. 农药标准证书

是农药产品质量指标及其检测方法标准化的规定。每一个商品化的农药都必须制订农药标准，并有一个标准号。没有标准号的农药产品不准进入市场。我国的农药标准分为三级：农资营销员标准、行业标准和国家标准。

（1）农资营销员标准　是由农资营销员或生产厂家自己制定的标准，要经地方技术监督行政部门批准后才能发布实施，并且这个农资营销员标准只有制定标准的厂家施用。农药新产品要投产，必须首先具备生产厂家标准。

（2）行业标准　当一个农药产品已有多个厂家生产，产量增多，质量提高，就需要制定行业标准。一个农药产品的行业标准一经批准颁布，各有关生产厂家都必须遵照执行。行业标准也可叫部颁标准，因为它是由全国农药标准化技术委员会审查通过，由化工部批准并颁布实施的。

（3）国家标准　当一个农药产品在行业标准的基础上，产量有了进一步的增加，质量有了更进一步的提高，则需要制定国家标准。国家标准由全国农药标准化技术委员会审查通过，由国家技术监督局批准颁布实施。

3. 农药登记

为确保农药的质量和药效，在生产、流通、使用过程中对人、畜的安全性，以及使用后对植物、水、土、空气等环境的安全，在农药进入市场之前，生产厂家必须向国家主管农药登记的机构（农业部农药检定所）申请登记，经审查批准发给登记证后，方可组织生产，作为商品销售。农药登记分临时登记和正式登记两类。

（1）临时登记　农药生产厂对其生产的农药经过田间小区试验后，为通过示范试验获得进一步的资料和少量的试销、试用，须申请临时登记。申请临时登记时，必须提供生产化学、毒理学、药效、残留、环境生态和标签等详细资料。临时登记有效期一般为 1～2 年。

（2）正式登记　在经过国内田间试验和残留试验取得完整数据，毒理学和环境生态也具备完整的资料，作为正式商品流通的农药，还需申请正式登记。正式登记一般是临时登记的补充，资料更为完善。正式登记有效期为 5 年。

4. 农药购买知识

农药销售员为保护消费者利益，要把购买农药防止上当受骗的知识教给农民，切实维护农户的利益。不要贪便宜；不要凭老经验。要亲自实践和检验。

六、农药的贮存与运输

农药是有毒物质，也是有一定经济价值的生产物资，必须妥善保管。如果保管不好，会很快变质失效，不但遭受经济方面的损失，还可能造成危害人畜生命的事故。一些容易燃烧、容易爆炸的农药，还会引起火灾或爆炸事件。保管不善、乱存乱取，也会造成取药、用药的不便，有时甚至因为拿错了农药，不仅没能防治病虫害，反倒伤害了农作物，造成减产降质的后果，带来巨大的经济损失。保管不严，也可能给不良分子或企图自杀的个别人提供了方便之门。在不少农药中毒的事故中，有不少是由于保管不严造成的。因此，妥善、严格地保管好农药是用好农药的重要保证。

1. 集中保管

在集体单位中，农药集中保管是一种非常重要的保管方式。由于贮存的品种多，贮存数量大，贮存时间长，更需要有一个严格的保管制度，让大家遵守执行。

（1）设专职农药保管人员　应该指定具有一定文化程度和掌握一定农药基本知识和技能的成年人当农药保管员。如果还不具备农药知识，就应进行培训。

（2）设专门农药保管仓库　贮存农药必须有一个固定的屋子或仓库。仓库的门钥匙只有保管人员可以掌握。贮存农药的仓库，不得让儿童、无关人员和动物随意进出。要尽量避免不安全因素发生的可能性。

（3）农药要分类存放保管　农药应按杀虫剂、除草剂、杀菌剂、杀鼠剂、植物生长调节剂等分类存放，固体农药和液体农药分别存放，容易燃烧的农药和容易爆炸的农药应和其他农药分开存放，不同生产日期的农药也应根据不同的生产日期、数量多少而分门别类地存放。只有这样有秩序、有条理地存放好，才可有条不紊地存入或取出需要的农药而万无一失。

（4）必须有严格的登记制度　新的农药存入仓库，要进行登记。登记本上分别注明农药名称、生产厂家、生产日期、有效期、进库日期、进库数量。农药领出后，及时注销领出农药的数量。对于即将到达有效期的农药，应注意优先领出使用。

（5）要定期进行清理检查　存入仓库的农药，力求包装完整，标签齐全、清晰，并且能订出制度，定期进行清理检查。如果发现有脱落的标签，及时粘贴或补齐，否则标签对不上号或变成无名药瓶，容易发生错误用药，对农业生产和人身安全都会造成严重的影响。

（6）必须贮存在干燥的地方　农药贮存的地方一定要干燥、阴凉、通风，避免长期受光、受热或受潮而失效。

2. 分散保管

一家一户种地需要使用的农药也同样应该像上述要求一样的保管好。同时应该结合自家农业生产的需要，购买适量的农药，以免贮存过久而失效或保管不善而发生意外事故。特别要注意的是，要放在儿童和动物接触不到的地方。如果放在柜内保存，必须严格采用专用柜，并加锁。

第五章　肥料基础知识

肥料是指施入土壤中或是处理植物的地上部分，能够改善植物营养状况和土壤条件一切有机物和无机物。其主要作用有以下几点。

1. 提供大量优质农产品

大量田间试验结果表明，化肥施用得当，每千克养分能增产粮食 8.5～9.5 千克，经济效益较好。

2. 让更多有机肥返田

有机肥和化肥的作用是一致的，是可以互相转化的。增施化肥提高了产量，不仅增加了粮食也增加了秸秆。粮食和秸秆的增多，使饲料、燃料、肥料的紧张状况得到缓和，也有利于畜牧业的发展，不仅满足了社会对副食品的需求，也增加了有机肥返田的肥源。

一些地区土壤有机质含量确有下降的现象，主要原因是种田不施肥、少施肥，或过量单施氮肥而忽视有机肥的返田等。

3. 改善土壤养分状况

据不同地区 30 个试验点连续施肥 5～10 年的定位试验，在不施或者少施有机肥的情况下，其结果是：

①每季每 667 平方米施磷肥（五氧化二磷）3～5 千克，土壤有效磷含量比试验前增加 40%～90%；而不施磷肥的则下降 23%～54%。

②每季每 667 平方米施钾肥（氧化钾）5～10 千克，土壤有效钾比试验前平均增加 20% 左右。

③增施氮肥、磷肥或氮磷钾肥，土壤有机质含量升降幅度很小，影响不大。中国缺磷、缺钾土壤面积日益增加，单靠有机肥

返田远不能满足作物的需求，以上表明增施氮磷或氮磷钾化肥不会造成土壤有机质含量下降，还可改善土壤养分状况，对土壤磷、钾含量的提高尤其明显。

一、肥料的种类及其作用

（一）肥料的种类

肥料的种类有不同的划分方法。

1. 按元素含量划分

大量元素和微量元素。大量元素：如含氮、磷、钾成分的化肥；微量元素：如含铁、硼、锌、钙、镁、铜等多种微量元素的化肥。

2. 按合成途径划分

合成肥，如生产上常见的二铵、硫酸钾、尿素等；复混肥，各种专用肥，如果树专用肥、蔬菜专用肥等。

3. 按成分划分

有无机肥，如二铵、硫酸钾、尿素等；无机有机复混肥，如果树专用肥、蔬菜专用肥等。

4. 按用途划分

根施肥和叶面肥。叶面肥（也叫根外肥）如氨基酸肥、磷酸二氢钾等。

（二）肥料的作用

1. 化学肥料

有些盐中含有农作物所需的营养元素，因而在农业上被大量地用作化学肥料。化学肥料是用矿物、空气、水等作原料，经过化学加工制成的，它们大多数都易溶于水，肥效快，养分含量高，增产效果显著，所以群众称它为庄稼的细粮。主要有以下几类。

氮肥：氮是植物需要最多的营养元素之一。在作物体内，含氮量约占干物质重的 0.3% ~ 5%，仅次于碳。因为氮是叶绿素的成分，施用氮肥可使作物叶子颜色由黄变绿，增强光合作用，提高产量。缺氮时，叶色由绿变黄，光合作用减弱，产量降低。氮还是蛋白质的主要成分，缺少氮元素，影响蛋白质的形成，作物细胞增长和分裂减慢，使叶、茎根都长得慢，叶少、叶窄、根少、茎矮。增加适量氮元素，就可使作物生长繁茂。但氮肥过多，又会引起茎、叶陡长，茎秆柔软，叶子下披，溶液倒伏和招引病虫危害，所以氮肥适量施用十分重要。根据氮肥中氮素存在的形态，常把氮肥分为铵态氮肥、硝态氮肥和酰胺态氮肥（尿素）三大类。

磷肥：磷是作物营养的三要素之一，体内的数量仅次于氮和钾，一般占干物质重的 0.2% ~ 1.1%。它是作物体内核酸、磷脂、植素、酶、维生素等生命物质的组成元素，承担着重要的功能。作物缺磷时，新细胞形成困难，作物生长发育受阻，表现为植株矮小，生长缓慢，分蘖少，根系少，发育不良，叶色暗绿无光泽或呈紫红色茎细，多木质化，花少，果实少，果实不饱满，粒重轻，成熟晚。增施磷肥，可以促进根系发育，早开花，早结实，多开花，多结实，另外还能增强作物的抗旱能力和抗寒性，但它对作物生长的影响，外表上没有氮素那样明显，施磷后，一般要到成熟时才能看出它的效果。按磷肥的溶解性可分为：水溶性磷肥，弱酸溶性磷肥、难溶性磷肥等。常见磷肥有过磷酸钙、钙镁磷肥、磷矿粉。

钾肥：钾与氮、磷不同，它不是组成作物"肌肉"、"骨骼"的物质成分，但它是作物体内许多酶的活化剂，可以刺激许多酶活动，促进体内各种代谢，提高作物产量和品质，增强作物抵抗不良环境的能力。植物缺钾的主要表现，首先是老叶的叶尖和叶缘发黄，进一步变褐，最后枯萎呈烧焦状。若新叶出现这种病症，就表明缺钾已相当严重了。目前，常用的钾肥品种是硫酸钾、氯化钾、钾镁肥、草木灰和窑灰钾肥。

微量元素肥料：在作物体内含量很低的元素叫做微量元素，包括铁、锰、硼、铜、锌、钼、氯。这些元素含量虽少，但作用很大，缺少这些元素时，植物生长不良，会出现一些特殊的症状，给作物施微量肥要对"症"下"药"，缺少哪种元素，就施哪种元素的肥料，病症才能改变，施其他元素的肥料是不能代替的。

复合肥料：化学肥料中，只含氮、磷、钾中的一种的叫单元肥料，含两种或两种以上的叫复合肥料。施用复合肥料，一次就给植物提供几种养分，充分发挥各养分间的配合作用，它养分含量高，杂质少，运输、贮存成本低，对土壤不良影响小。而且多制成颗粒状，施用方便，肥效稳，后效长。复合肥养分含量都明确标在肥料袋上，习惯按氮—五氧化二磷—氧化钾顺序分别用阿拉伯数字来表示，如13—0—46则表明100千克复合肥中含有效氮13千克，有效钾（K_2O）46千克，不含磷。

常用的复合肥有如下几种：硝酸磷肥、磷酸铵、硫磷铵、尿磷铵、偏磷酸铵、硝酸钾、氮钾复合肥、磷酸二氢钾、效磷钾复合肥、铵磷钾复合肥。

2. 有机肥料

有机肥料，农民习惯称"粪"，是农户利用植物残体和人、畜粪便等有机物质就地积制的一类肥料。它来路广、数量大，而且含有丰富的有机质和一切营养元素，但养分含量低。世界各国的农业都是从施有机肥开始的。目前，虽花费用量增加，有机肥施用量相对减少，但从长远来看，化学肥料只能给作物提供些养分，而有机肥则还可以提供丰富的有机质，改良土壤结构，促进土壤微生物活动，提高土壤保肥、保水的能力等，这些都是化肥所不能替代的，所以，要种地，就离不开有机肥。

有机肥有：人粪尿、厩肥（又叫畜栏粪或圈粪，它是家畜粪便和垫圈材料混合堆积而成的肥料，有羊厩肥、马厩肥、猪厩肥、牛厩肥）和堆肥（以作物秸秆、杂草、落叶、泥土等为主要原料，混合人畜粪尿经堆制腐解而成的有机肥料三大类）。

3. 生物肥料（微生物肥料）

生物肥都以有机质为基础，然后配以菌剂和无机肥混合而成。按照制品中特定的微生物种类可分为细菌肥料（如根瘤菌肥、固氮菌肥）、放线菌肥料（如抗生菌肥料）、真菌类肥料（如菌根真菌）；按其作用机理分为根瘤菌肥料、固氮菌肥料（自生或联合共生类）、解磷菌类肥料、硅酸盐菌类肥料；按其制品内含分为单一的微生物肥料和复合（或复混）微生物肥料。复合微生物肥料又有菌、菌复合，也有菌和各种添加剂复合的。

中国目前市场上出现的品种主要有：固氮菌类肥料、根瘤菌类肥料、解磷微生物肥料、硅酸盐细菌肥料、光合细菌肥料、芽孢杆菌制剂、分解作物秸秆制剂、微生物生长调节剂类、复合微生物肥料类、与 PGPR 类联合使用的制剂以及 AM 菌根真菌肥料、抗生菌 5406 肥料等。

二、常用化学肥料使用技术

（一）化肥合理使用

1. 强化环保意识，加强监测管理

加强教育，提高群众的环保意识，使人们充分意识到化肥污染的严重性，调动广大公民参与到防治土壤化肥污染的行动中。注重管理，严格化肥中污染物质的监测检查，防止化肥带入土壤过量的有害物质。制定有关有害物质的允许量标准，用法律法规来防治化肥污染。

2. 增施有机肥，改善理化性质

施用有机肥，能够增加土壤有机质、土壤微生物，改善土壤结构，提高土壤的吸收容量，增加土壤胶体对重金属等有毒物质的吸附能力。可根据实际情况推广豆科绿肥，实行"引草入田"、"草田轮作"、粮草经济作物带状间作和根茬肥田等形式种

植。另外，作物秸秆本身含有较丰富的养分，推行秸秆还田也是增加土壤有机质的有效措施，绿肥、油菜、大豆等作物秸秆还田前景较好，应加以推广。

3. 普及配方施肥，促进养分平衡

根据作物需肥规律、土壤供肥性能与肥料效应，在以有机肥为主的条件下，产前提出施用各种肥料的适宜用量和比例及相应的施肥方法。推广配方施肥技术可以确定施肥量、施肥种类、施肥时期，有利于土壤养分的平衡供应，减少化肥的浪费，避免对土壤环境造成污染。

4. 应用硝化抑制剂，缓解土壤污染

硝化抑制剂又称氮肥增效剂，能够抑制土壤中铵态氮转化成亚硝态氮和硝态氮，提高化肥的肥效和减少土壤污染。据河北省农科院贾树龙研究，施用氮肥增效剂后，氮肥的损失可减少20%～30%。由于硝化细菌的活性受到抑制，铵态氮的硝化变缓，使氮素较长时间以铵的形式存在，减少了对土壤的污染。

5. 采取多管齐下，改进施肥方法

深施氮肥，主要是指铵态氮肥和尿素肥料。据农业部统计，在保持作物相同产量的情况下，深施节肥的效果显著；碳铵的深施可提高利用率31%～32%，尿素可提高5%～12.7%，硫铵可提高18.9%～22.5%。磷肥按照旱重水轻的原则集中施用，可以提高磷肥的利用率，并能减少对土壤的污染。还可施用石灰，调节土壤氧化还原电位等方法降低植物对重金属元素的吸收和积累，还可以采用翻耕、深翻和换土等方法减少土壤重金属和有害元素。

（二）常用化肥使用技术

不同化肥因性质不同，使用方法和方式也不尽相同，应根据其性质科学使用，才能取得高效。

1. 碳酸氢铵

含氮17%左右，是化学性质不稳定的白色结晶，易吸湿分解，易挥发，有强烈的刺鼻、熏眼氨味，湿度越大、温度越高分解越快，易溶于水，呈碱性反应（pH 值 8.2 ~ 8.4）。碳酸氢铵是一种不稳定的化合物，常压下、温度达到 70℃ 时全部分解。在气温 20℃ 时，露天存放 1 天、5 天、10 天的损失率分别为 9%、48% 和 74%。在潮湿的环境中易吸水潮解和结块（结块本身就是一种缓慢分解的表现）。在贮存和施用过程中，应采取相应的措施，防止其挥发损失。适合于各类土壤及作物，宜作基肥施用，追肥时要注意深施覆土。

2. 尿素

含氮 46% 左右。普通尿素为白色结晶，吸湿性强。目前生产的尿素多为半透明颗粒，并进行了防吸湿处理。在气温 10 ~ 20℃ 时，吸湿性弱，随着气温的升高和湿度加大，吸湿性也随之增强。尿素属中性肥料，长期施用对土壤没有副作用。施入土壤后，经土壤微生物分泌的尿酶作用，易水解成碳酸铵被作物吸收利用。尿素的肥效比较慢，作追肥时应适当提前。尿素在转化前是分子态的，不能被土壤吸附，应防止随水流失。转化后形成的氨也易挥发，所以尿素也要深施覆土，且施后不宜立即灌水，若追肥后马上灌水易使尿素随水流失，应间隔 4 ~ 6 天后再灌水。尿素不宜直接作种肥，因为高浓度的尿素直接与种子接触，常影响种子发芽，造成出苗不齐。尿素适合于各类土壤及作物，可作基肥、追肥及叶面喷施用（喷施浓度为 1% ~ 2%）。

3. 氯化铵

含氮 24% ~ 25%，为白色结晶，易溶于水，吸湿性小，不结块，物理性状好，便于贮存。氯化铵呈酸性，也是生理酸性肥料。酸性土壤、盐碱地及忌氯作物（果树、烟草等）不宜施用氯化铵。氯离子对硝化细菌有一定的抑制作用，施入土壤后氮素的硝化淋失作用比其他氮肥要弱。因此，氯化铵是水田较好的氮肥。施用氯化铵应结合浇水，争取将氯离子淋洗至下层土壤，以减轻它对作物的不利影响。氯化铵不宜作种肥施用。

4. 硝酸铵

含氮 33%～35%。硝酸铵有结晶状和颗粒状两种，前者吸湿性很强，后者由于表面附有防湿剂，吸湿性略差一些。硝酸铵易溶于水，pH 值呈中性。硝酸铵既含有在土壤中移动性较小的铵态氮（NH_4^+-N），有含有移动性较大的硝态氮（NO_3-N），二者均能很好地被作物吸收利用。因此，硝酸铵是一种在土壤中不残留任何物质的良好氮肥，属生理中性肥料。硝酸铵宜作旱田作物的追肥，以分次少量施用较为经济。不宜施于水田，不宜作基肥及种肥施用。

5. 磷酸二铵

是一种高浓度的速效肥料，适用于各种作物和土壤，特别适用于喜铵需磷的作物，宜作基肥使用，如作追肥，应早施并深施 10 厘米后覆土，不能离作物太近，以免灼伤作物。作种肥时，不能与种子直接接触。磷酸二铵不要随水撒施，否则会使其中的氮素大多留在地表，也不要与草木灰、石灰等碱性肥料混施，以防引起氮的挥发和降低磷的有效性。

6. 过磷酸钙

能溶于水，为酸性速溶性肥料，可以施在中性、石灰性土壤上，可作基肥、追肥，也可作根外追肥。注意不能与碱性肥料混施，以防酸碱性中和，降低肥效。主要用在缺磷土壤上，施用要根据土壤缺磷程度而定，叶面喷施浓度为 1%～2%。适用于各种作物和土壤，宜采用条施、穴施、蘸秧根，集中施用或与有机肥料混用，可提高利用率。但不能直接作种肥，因为其所含的游离酸会产生烧种、烧苗现象。

7. 钙镁磷肥

是一种以含磷为主，同时，含有钙、镁、硅等成分的多元肥料，不溶于水的碱性肥料，适用于酸性土壤，肥效较慢，作基肥深施比较好。与过磷酸钙、氮肥不能混施，但可以配合施用，不能与酸性肥料混施，在缺硅、钙、镁的酸性土壤上效果好。不宜在中性和碱性土壤施用，也不宜作追肥。钙镁磷肥施用后当季作物吸收利用率很低，因此，在施用磷肥较多的田块不必连年施用，提倡隔年施用，以节本增效。

8. 氯化钾

是化学钾肥的主要品种，既具有促进植物蛋白质和碳水化合物的形成，增强抗倒伏能力，改善和提高农产品品质的重要作用，又具有平衡植物中氮、磷和其他营养元素的作用。可作底肥和追肥，但不宜在盐碱地上施用，以防增加盐害，也不能在马铃薯、甜菜、烟叶、茶树、柑橘、葡萄等忌氯作物上施用。在干旱地区干旱季节应尽量少用或不用。

9. 硫酸钾

化学中性、生理酸性肥料。在不同土壤中施用的反应和注意的事项如下：在酸性土壤中，多余的硫酸根会使土壤酸性加重，甚至加剧土壤中活性铝、铁对作物的毒害。在淹水条件下，过多的硫酸根会被还原生成硫化氢，使到根受害变黑。所以，长期食用硫酸钾要与农家肥、碱性磷肥和石灰配合，降低酸性。此外，稻田施用还应结合排水晒田措施，改善通气。在石灰性土壤中，硫酸根与土壤中钙离子生成不易溶解的硫酸钙（石膏）。硫酸钙过多会造成土壤板结，此时应重视增施农家肥。在忌氯作物上重点使用，如烟草、茶树、葡萄、甘蔗、甜菜、西瓜、薯类等增施硫酸钾不但产量提高，还能改善品质。硫酸钾价格比氯化钾贵，货源少，应重点用在对氯敏感及喜硫喜钾的经济作物上，效益会更好。

三、常用化学肥料的识别与质量鉴别

目前，国内常用的化肥，除液体的氨水以外，固体的有碳酸氢铵、硫酸铵、氯化铵、硝酸铵、硝酸钙、尿素、过磷酸钙、重过磷酸钙、钙镁磷肥、钢渣磷肥、硫酸钾和氯化钾等多种。如果丢失标记、来源不明或判别真伪需要作定性鉴别时，可按下列方法鉴定。

(一) 初步判断

根据样品的颜色、结晶形状及其溶解度，可初步判断其所属肥料类别。

1. 颜色

氮肥：除氰氨基化钙为灰黑色，硝硫酸铵、硝酸铵钙具有棕、黄、灰等杂色外，其他品种一般均为白色。

磷肥：大都颜色很深，普遍为灰色、深灰色或灰黑色。偏磷酸钙状似玻璃晶体，很易识别。

钾肥：一般为白色。

2. 气味

可鉴定出碳酸氢铵和石灰氮。氮肥（氨水、液氨除外）中除碳酸氢铵具有氨的特殊臭味外，石灰氮有类似电石气的臭味，副产品硫酸铵可能有煤膏气味外，其他品种一般无特殊气味。磷肥及钾肥一般亦无特殊气味。

3. 溶解度

可鉴定出磷肥。取研磨成粉末状肥料样品 1 克，置于玻璃试管中，加入 10～15 毫升蒸馏水，充分摇动，观察其溶解情况。全部溶解的是钾肥、氮肥（石灰氮、硝酸铵钙除外）。不溶解或部分溶解是磷肥、石灰氮和硝酸铵钙。

4. 灼烧试验

通过灼烧试验，可将氮肥、磷肥和钾肥区分开来。取试样少许（约豆粒大小），置于折成凹形的小铁片上，用金属钳夹住，放在酒精灯上灼烧，观察其溶化等情况，并用手挥之闻味，可进一步判断所属肥料类别。

①在铁片上立即熔化或直接升华，并具有氨味，可能是铵态氮肥或尿素。可按铵态氮肥品种鉴定进一步判断。

②在铁片上灼烧后立即起火燃烧，有爆裂声、冒浓烟、有硝

烟味者为硝态氮肥。

③在铁片上灼烧无反应，或发生炭化，并有骨焦味者为磷肥。

④在铁片上仅爆裂，不分解也不冒烟，为钾肥。

（二）化学定性鉴定

在简易鉴定的基础上，进一步对氮肥、磷肥和钾肥进行化学定性鉴定。

1. 氮肥鉴定（鉴定反应均在试管中进行）

（1）铵态氮肥鉴定　凡具下列一反应者均为铵态氮肥。

第一，取待测样品 1～2 克，加 10 毫升水，滤取清液约 2 毫升，加纳氏试剂 1～2 滴，有红棕色沉淀产生。

第二，同上取滤液约 2 毫升，加 10% 氢氧化钠，略加热后闻之有氨味，或能使置于管口处经湿润的红石蕊试纸变成蓝色。

（2）铵态氮肥品种鉴定　经化学定性鉴定已确证为铵态氮肥者，可通过下列方法作品种鉴定。

第一，取滤液约 2 毫升，加 10% 硝酸 3～5 滴酸化，加 5% 二氯化钡 3～4 滴，有大量白色硫酸钡（Ba_2SO_4）沉淀产生者，为硫酸铵。

第二，取滤液约 2 毫升，加 10% 硝酸 3～5 滴酸化，加 5% 硝酸银 3～4 滴，产生白絮状氯化银（AgCl）沉淀者为氯化铵。

第三，取滤液约 2 毫升，加 10% 硫酸镁 5～10 滴，不产生沉淀，证明无碳酸盐，但经加热煮沸后有白色碳酸镁沉淀或在清液中加入稀盐酸后有二氧化碳气体产生者，则是碳酸氢铵。

（3）硝态氮肥定性鉴定　凡具下列反应之一者为硝态氮肥。

第一，取待测样品 1～2 克，加 10 毫升水，取滤液约 2 毫升，加浓硫酸 5 滴，铜粉少许，加热，产生棕色气体，溶液变蓝。

第二，取滤液 5 毫升，加入 2% 硫酸亚铁 5 毫升，摇匀，将试管倾斜，沿管壁慢慢地注入 2～3 毫升浓硫酸，使之沉于液底，在酸和液面交界处出现褐色环。

（4）硝态氮肥品种鉴定　经化学定性已确证为硝态氮肥者，可通过下列方法作品种鉴定。

第一，取上述滤液约 2 毫升，加 10% 氢氧化钠 5～10 滴，稍加热，有氨味者为硝酸铵。

第二，取滤液约 2 毫升，加 10% 醋酸数滴酸化，加 10% 亚硝酸钴钠液 3～4 滴，静置，若有黄色沉淀产生者，为硝酸钾（因铵离子也有相同反应，故必须用别的方法已确证无铵离子情况下，才可鉴定为钾离子）。

（5）尿素的鉴定　凡具有下列反应者为尿素。

第一，取滤液 2 毫升，加浓硝酸 1 毫升，混匀放置 5～10 分钟，待溶液冷却后有白色结晶产生。

第二，取样品 2 克，在试管中小心加热融化，此时有氨味逸出，继续加热至样品全部融化，稍冷却后，加 10 毫升蒸馏水，10% 氢氧化钠 4～5 滴，5% 硫酸铜 2～3 滴，即呈紫色。

2. 磷肥鉴定

（1）磷酸根的定性鉴定　取样品 1～2 克，加 10 毫升水及 10 毫升、6 摩尔/升硝酸，摇动，加热促使溶解，过滤。取部分滤液（约 3 毫升），加钼酸铵溶液 5～6 滴，有黄色沉淀生成时，说明有磷酸根离子存在，是磷肥。

（2）磷肥品种鉴定

第一，取少量样品置铁片上灼烧，如样本炭化且有骨焦味，并且用 5 毫升水及 6 摩尔/升硝酸 10 滴作浸提液，进行磷酸根鉴定时有黄色沉淀者为骨粉。

第二，取少量样品，用水湿润后测其酸碱度。根据其酸碱度的大小，选用相应的化学方法，确证其磷肥品种。

能使石蕊试纸变红者为酸性样品，即过磷酸钙或重过磷酸钙。用二氯化钡进行硫酸根的鉴定，如有大量白色沉淀产生，则为过磷酸钙；如只有少量或微量的白色沉淀产生，则为重过磷酸

钙（因重过磷酸钙不含硫酸钙，但有可能有少量硫酸盐）。

能使石蕊试纸微变蓝色者为碱性样品。磷肥品种有钙镁磷肥、钢渣磷肥、脱氟磷肥和偏磷酸钙。

如样品是黑绿色或灰棕色粉末，则为钙镁磷肥；如样品是褐灰色粉末，密度又较大，为 3～3.3，则为钢渣磷肥；如样品是褐色或浅灰色粉末，在下列试验中又无氟反应时则是脱氟磷肥。氟离子鉴定方法：取样本少许加入微量重铬酸钾粉末，混匀，慢慢注入 5 毫升浓硫酸，取清洁玻璃棒一根，插入试管内，在水浴或小火上搅拌片刻取出玻璃棒仔细观察，如酸液顺棒面分布均匀地流下，则证明无氟化物存在；反之顺棒面流下时，如像玻璃棒上污染了油脂的样子，这是由于产生了氟化硅，说明试样内有氟化物存在。如样品是黄色玻璃状晶体，磨细后受潮变成白色或浅灰色粉末，具弱吸湿性；其滤液（指 2% 柠檬酸浸提的滤液）能使蛋白质凝聚者，为磷酸钙。

不能使石蕊试纸变色者为中性样品，如用 2% 柠檬酸作浸提液，进行磷酸根鉴定时有黄色沉淀产生者为沉淀磷酸钙。无沉淀的样品，则用 5 毫升水及 6 摩尔/升硝酸 10 滴作浸提剂，作磷酸根鉴定时，有黄色沉淀析出者为磷矿粉。

3. 钾肥鉴定

（1）钾肥定性鉴定　取样品少许加水溶之，若样品含有铵离子，需加 20% 氢氧化钠 1 毫升，加热煮沸驱氨，然后加稀盐酸 2 毫升，加亚硝酸钴钠试剂 3～5 滴，有黄色沉淀产生，或加入 2.5% 四苯硼钠试剂少许，有白色沉淀产生者即是钾肥。

（2）钾肥品种鉴定

第一，取其水溶液 2～3 毫升，加 10% 盐酸 3～5 滴酸化，5% 氯化钡 3～4 滴，有大量白色沉淀产生者为硫酸钾。

第二，取其水溶液 2～3 毫升，用 10% 硝酸 3～5 滴酸化后，加 5% 硝酸银 3～4 滴，产生白色沉淀者为氯化钾。

4. 其他化学肥料各品种的鉴别

复合肥料各品种的鉴别，可按其分子结构参照上述氮肥、磷肥、钾肥中各鉴定方法进行。

（三）真假、劣质化肥的鉴别

假化肥大概有以下几种类别。

①指以非化肥物品冒充真化肥。

②以一种化肥冒充另一种化肥。

③所含有有效成分含量、肥料规格、等级等与标明的不符。

④国家有关法律、法规明确规定禁止生产销售的。

不只是假化肥，劣质化肥的危害也是不容忽视的，劣质化肥大概有以下几种情况。

①产品质量不符合化肥产品质量标准的化肥。

②超过质量保证期并失去使用效能的。

③限时使用而未标明失效时间的化肥。

④混有能够导致肥效损失的杂质的化肥。

⑤包装或者标签严重损害的化肥。

（四）农村中常用化肥的简易鉴别方法

1. 观察

看化肥的包装和颜色形状。在购买化肥的时候，首先要看化肥的包装。正规厂家生产的化肥袋，其标志规范、完整，字迹清晰，整洁。上面应该注有商标、产品名称、养分含量、净重、厂名、厂址等；肥料的实际名称应该放在包装袋上最显著的位置。

此外还可以通过检查包装袋的封口来区分化肥的真伪。正规厂家生产的化肥，由于要保证运输中不易泄漏和贮存中不易变质所以内外包装都要经过专门的封口工序。它们的包装严紧细致，而且牢固。而对于那些包装袋封口粗糙，容易破漏或有明显拆封痕迹的化肥要特别注意了，像这包化肥的封口很容易就被扯开了，对于这样的化肥要提高警惕。

每一种化肥都应该有它标准的形状。像氮肥和钾肥多为结晶体。如氮肥中的碳酸氢铵，氯化铵，都为不规则的结晶体，而尿素多为小丸粒状的结晶体。我们常用的钾肥有氯化钾和硫酸钾，它们也多为结晶体。我们常见的磷肥多为粉末状，像过磷酸钙就是一种灰白色的粉末。复合化肥，它们的形状多为不透明的小颗粒。

另外，不同化肥都有其特有的颜色，我们可以通过看颜色来鉴别化肥的真伪。这是保障我们少买假化肥的第一步，也是最简捷有效的方法。如氮肥，除了石灰氮之外，大多数是白色的。钾肥多为白色或略带红色，如硫酸钾是白色的，有些氯化钾为红色的结晶体。磷肥多为暗灰色，如过磷酸钙就是灰色的粉末。假化肥许多就是以假充真，所以，无论在形状还是颜色上和真化肥有很大的区别。

对于一些有明显的结块现象的化肥，常常是劣质过期的化肥。

2. 手摸

通过手感来鉴别化肥的真假。除了看之外，"摸"也是一种直观有效地鉴别真假化肥的方法。其中，最典型的要数用"摸"的方法来判断美国产的磷酸二铵。取少许美国二铵放在手心里，用力握住或按压转动，有"油湿"感的即为真品；而干燥如初的则很可能是冒充的。

3. 闻

通过嗅觉来鉴别化肥的真假。如果通过"看"和"摸"还不能鉴别出来的话，那农民朋友还可以结合化肥的特殊气味来增加判断的准确性。

①氨水有强烈的刺鼻的氨味。

②碳酸氢铵有明显的刺鼻的氨味。

③重过磷酸钙是有酸味的细粉。

④石灰氮有特殊的腥臭味而假冒伪劣肥料则一般气味不明显。

⑤但如果过磷酸钙有很刺鼻的怪酸味，则说明生产过程中很可能使用了废硫酸，这种劣质化肥有很大的毒性，极易损伤或烧死作物。

4. 烧

烧是一种有效的辨别方法，因为合格的化肥在燃烧之后呈现出各自不同的特点。首先来了解真氮肥在燃烧之后有什么变化。

（1）氮肥的烧法鉴别　氮肥中的碳酸氢铵和氯化铵在燃烧之后有着相似的特点：将少量的碳酸氢铵放入试管中用酒精灯加热，您会看到试管中的碳酸氢铵能够直接的分解，而且分解的是干干净净不留任何残留物，并有白烟冒出，还有强烈的氨味。

氯化铵在进行上述试验后和碳酸氢铵的不同点是：分解后的氯化铵会有一小部分沉淀在容器壁上，而且有大量白烟冒出，散发出的是盐酸味。假的碳酸氢氨和氯化铵烧后很难分解。

尿素在燃烧后有什么变化：取少量尿素放入试管中用酒精灯加热，尿素能迅速熔化成为沸腾的水状物，就像水开了一样，这时您取一玻璃片接触试管冒出的白烟，停留一会儿就能看见玻璃片上附有一层白色结晶物；如果试管内的尿素是假的，玻璃片上是很难有结晶物的。

（2）钾肥的烧法鉴别　现在我们来将钾肥中最常用的硫酸钾、氯化钾放在烧红的木炭上，用普通木条烧红就可以作为试验中的木炭了。这时的肥料无论是外形还是颜色都没有明显变化，但在烧的过程中伴有明显的噼啪声。

而假化肥和劣质化肥因其制假的方法多种多样，所以，在烧的过程中会发生很多不同的变化，但可以肯定的是这些变化和刚才看到的试验中合格化肥的变化是不一样的。

（3）磷肥的烧法鉴别　磷肥在燃烧之后和燃烧之前没有明显的变化；如果购买的磷肥在燃烧后发生很大的变化说明这个化肥不是合格的磷肥。

5. 溶

化肥在水中溶解也会有一定的变化，所以，我们可以根据化肥在水中溶解的状况加以区别。

①先取尿素一小勺，放入杯中，加入干净的凉水充分摇匀，尿素很快就溶解在水中，而且熔后的液体十分透明。农民朋友常用试水温来鉴别尿素的真假，这两个杯子中所装水的水温是一样的，往其中的一杯水中放入合格的尿素，就看到杯中的水温很快在下降，说明所放尿素的质量是合格的。如果所放尿素是假的，水温是不会下降的，如果水温有细微的下降则说明所放尿素的质量不合格，含氮量低。

②将碳酸氢铵一小烧放入杯中，加入干净的凉开水充分摇匀，碳酸氢氨也溶在水中而且还伴有较大的氨味。

③再取硫酸钾一小勺，放入杯中，还是需要加入干净的凉开水充分摇动，在摇的过程中您可以稍微停顿然后观察其溶解情况，再经过几次摇动之后我们会看到硫酸钾全部溶解在水中了。

④现在再来把磷肥中的过磷酸钙放进杯中，加入干净的凉水充分摇匀，您稍停顿就会观察到一部分过酸磷钙溶入水中，一部分沉淀。

⑤在目前情况下，除磷肥外那些溶解性很差或根本不溶解的肥料则大多为假劣肥料。

为了使您能够看清楚化肥在"烧"和"水溶"的试验中所发生的变化我们采用了试管和烧杯。您也可以用家中的干净的瓷碗和玻璃杯来替代，但需要注意的是：①最好用透明的玻璃杯容易观察到其中的变化。②所用的碗和杯中要干燥不要有水。③采用烧的方法时要注意所用器具的耐火性。

四、肥料的贮存

肥料品种很多，尤其化肥品种更多，性质各异，在贮存时必须采取相应的措施减少肥料损失。

1. 要注意防潮防水

化肥吸湿而引起的潮解、结块和养分损失，是肥料贮存的大忌。如过磷酸钙（又称普钙）受潮后，不仅易结块而造成施用困难，而且还会发生有效磷退化问题；碳酸氢铵（简称碳铵）受潮后分解，氮易挥发；以硝酸铵、硝酸磷肥、硝酸钾、硝酸钙、尿素等为原料的混合肥料，都极易吸潮、结块，很难施用，并损失大量养分。

防止化肥吸潮的措施有：一是要保持肥料袋完好密封，因为塑料袋有防潮作用；二是要求装运化肥的车辆板面平整，无钉头、硬物等，还要备有防雨防晒的遮盖物；三是要求贮存化肥的库房通风好，不漏水，地面干燥，最好铺上一层防潮的油毡和垫上木板条。

2. 要注意防腐防毒

化肥由各种酸、碱、盐组成，若贮存不当，易产生有毒有害物质。本身有毒，如石灰氮；在贮存中易挥发出游离酸，使库房空气呈酸性，如普钙；潮解后挥发出的氨气，在空间形成碱性物，如碳铵、氯化铵、硫酸铵以及含铵态氮的复混肥；有的局部受热常产生二氧化氮、一氧化二氮等有害气体，如硝酸铵、硝酸钙、硝酸磷肥等含有硝态氯的氮肥。如果库房里同时贮存有种子、粮食或农药，种子就会丧失发芽率，粮食变质，农药尤其是粉剂易失效。其他怕腐蚀的物品也不要与化肥同放在库房。

农业肥料销售员进仓库应该戴好口罩和手套。库房要通风，以温度低于30℃、空气相对湿度低于70%为宜。当库房内温度和湿度都高于库外时，可以在晴天的早、晚打开库房的门窗进行自然通风调节；夏季可以在入夜以后气温较低时进行。

3. 要注意防火防爆

硝酸铵、硝酸钾（俗名火硝）等既是化肥，又是制造火药的原料，在日光下暴晒、撞击或在高温影响下会发热、自燃、爆炸。这类化肥贮存时不要与易燃物品接触。化肥堆放时不要堆得过高，以不超过 1.5 米为宜。库房要严禁烟火，并设置消防设备，以保安全。

第六章 农业机械经营基础知识

改革开放以来，我国农业机械的经营由国家经营、集体经营转变为国家、集体、联户和独户等多种经营形式并存，而且自营和承包经营已逐渐发展成为主要形式。许多地区农民都使用了自己拥有的农业机械。农业机械是农民除土地以外的重要生产资料，购买时一次性投入的资金比较多，一般可使用多年，购买的农业机械产品质量和使用性能又和将来的工作性能、经济收益密切相关。因此，如何恰当地选购农业机械、正确地使用好保护好农业机械，是农民非常关心的一件大事，也是农资营销员十分关注的事情。为了搞好农业机械的经营，农资营销员不仅要掌握农业机械的有关知识，而且要教会农民购买、使用、保护农业机械的有关知识。

一、农业机械优劣识别、选购

（一）农业机械优劣识别

农资营销员只有掌握了识别优劣农业机械的知识才能做好农业机械销售工作。这里介绍一些在购买农业机械时应该注意的事项和简单的识别方法。

1. 购买实行"三包"的农业机械

为了保护使用者的利益，农机行业管理部门一般对农业机械产品都要求实行三包制度（包修、包换、包退），即购买的农业机械产品质量不合格时，可以更换或退货，购买后在包修期内损坏予以免费修理，属于使用者责任应付更换零部件的费用。所以，购买或者采购农业机械要到正式的农业机械销售地方去买，不能图便宜买个人推销的产品，以免出现产品质量问题后无法处理。不能购买那些无生产厂家名称地址、无名牌标志、无合格证明的三无产品。

2. 购买有说明资料的农机产品

农业机械合格产品一般都附带有文字资料，其中包括产品的构造、工作原理、使用保养说明书，生产厂家产品检验鉴定资格证明，产品的三包承诺文字资料等。这些资料是将来使用操作农业机械和因产品质量产生损坏时处理的有力依据，不能可有可无。有些农业机械还应提供 1～2 年内经常容易磨损损坏的易损件，以及在保养、安装、修理过程中的特殊专用工具。

3. 凭实际经验分辨

在衡量农业机械产品质量时，从外部观察也可以看出产品的质量好坏。对农业机械的一般要求是：

①整台农业机械没有变形，一般从垂直和水平两个角度用肉眼观察产品的各部分。

②各处零部件完整无缺。

③产品的涂漆部分不能有缺漆的地方，铁质材料的底漆必须用防锈漆。

④埋头螺钉和沉头螺钉应与固定零件的平面齐平，如果不妨碍正常工作，允许有少量凸出。

⑤非调整性的螺钉或螺杆应用油浸后拧紧，螺杆有螺纹一端露出螺母平面的外边至少有两个螺扣，但不能超过 10 毫米。

⑥所有非调整螺钉、螺栓、螺母都应确定拧紧，并按规定的锁紧办法（锁定螺母、开口销、铁丝、垫圈等）锁紧。

⑦不能用铁丝或铁钉代替开口销使用。

⑧装有燃油、润滑油、药液、水等液体的容器、管道、接头等处严密，不能有渗透、泄漏的地方；气动装置的容器、管道、接头等处不能漏气。

⑨农业机械的所有调整、润滑部分确切可靠。

⑩农业机械的所有转动、传动和操纵装置运转灵活，无卡滞的地方。

4. 购买有安全防护装置的农业机械

一般在机械传动、转动的地方，如皮带、链条、齿轮、旋转轴、万向接头等地方，为了防止使用者的衣物被缠绞进去，都应安装防护罩。在切削、打击部位，如铡草机的切刀、粉碎机的锤片、物料喂入口，必须有能阻止使用者操作不慎对手臂随物料喂入的安全挡板和快速停机装置。一些压力容器，为防止超过工作压力后发生爆炸，必须装有安全阀门，使之能在超过一定压力时自动卸压排放。

5. 重点检查主要零部件

不同类型的农业机械都有不同的主要关键零、部件，它们的质量好坏，对全机的工作性能起着决定性作用，在购买农业机械时要作重点检查。例如：对于耕地、整地、播种、收获等农业机械，犁铧、犁刀、耙片、开沟器、切割器等就是其关键零、部件，一般都要求用规定的材质制造，而且需要经过热处理加工，有一定的硬度、韧性和耐磨性。经过热处理的零件不能有变形或裂纹，用金属物敲击时，没有闷哑、破裂的声音。切削刀具的刃口应锋利，厚度在规定的要求范围内，如犁铧的刃，厚度不大于1毫米；圆犁刀的刃厚为 0.3～1.0 毫米；直径小于 560 毫米的圆盘耙片，刃厚应为 0.3～0.8 毫米；收割机的刀片，光刀刀片刃口厚度不大于 0.1 毫米，齿纹刀片刃口厚度不大于 0.15 毫米。

对于一般零件的检查，要注意木制零件和橡胶制品是否老化，老化的橡胶制品丧失应有的弹性并出现碎小的龟形裂纹；金属零件要注意它的加工质量、表面光洁度以及与其相关零件的配合等状况。

6. 购买时当场试验

直观检查只是看到农业机械的外表部分质量，许多零、部件的质量好坏只有通过试验、使用才能发现，因此，在选购农业机械时，能够当场试验的就要当场试验检查。其试验方法与检查部位因不同农业机械而不同。一般动力机械，应通过试验了解它的启动性能（是否容易、方便）、工作性能（可用声音和排气状态鉴别）等。机动喷雾机，应通过试验了解它的液泵（能否达到规定压力）、安全阀（超过工作压力时打开）、管道与接头（是否有泄漏）等工作状况。对于高速旋转的农业机械，要特别注意它的动平衡情况，机械正常运转时应平稳，无异常的摩擦、撞击声音，无周期性的振动。运转后的农业机械，应检查轴承等处有无过热的地方。

（二）农业机械的选购

农业机械的种类很多，有一般田间作业的耕地、整地、播种、收获、水利工程、植物保护、农副产品加工等机械，也有各种经济作物的特殊用途机械，每种机械又有不同的型号、规格、标准，共计上千个。购买农机时注意事项。

1. 了解农机的性能

一般购买农业机械的农民都有使用过这种或那种农业机械的经历，具有一定程度的机械常识，要买一种新的农业机械时，必须知道这种农业机械的构造、工作原理、使用操作特点和保养、保管方法，因此首先要教给农民看懂该机械的说明书，然后再对照实物观察检验。只有确实地熟悉掌握了该机械的情况，才能和同类型的农业机械比较、选择。

2. 正确选择农机型号

选择型号主要是使机械的性能满足生产中的需要。例如，购买抽水灌溉的水泵时，水泵必须满足工作中的扬程（米）和流量（吨/小时）的需求。扬程不够抽不上水，水量不足达不到生产需要，在符合扬程和水量的范围内，再根据当地的水源情况、动力配套、经济效果等方面，确定用离心系还是轴流泵、混流泵、潜水电泵或者是深井电泵。在购买耕地机械时，一般地区可以购买普通铧式犁；如果小块坡地作业。最好买可以两面翻土的双向铧式犁，它比普通一面翻土的铧式犁使用方便、作业质量好；如果是在菜园地使用，则买旋耕机更实用些。

3. 要与动力机配套

动力配套主要是指动力机的功率和转速要满足配套机械的需要。功率是做功的能力，常用千瓦（kW）表示；转速是动力机动轴的旋转速度，常用转/分（r/min）表示。一般小型动力机的功率，电动机应为配套农业机械所需功率的1.05～1.3倍，内燃机应为配套农业机械所需功率的1.3～1.5倍，过大则大马拉小车浪费能量，过小则带不动或超负荷损坏动力机。转速相同时，配套农业机械可以直接安装使用；转速不一致时，为满足使用要求，必须改装传动设备，这要增加许多费用。

如果事先已经买过一些动力设备，就应该充分发挥已有动力机的作用，在购买新的农业机械时，要尽量考虑能够与原有动力机配套。除特殊需要外，一般不要每种机械都单独配一种动力机，这样花费成本太多，管理也不方便。在固定机组中，电动机可以在发挥75%～100%的额定功率范围内通用；具有全制式调整器的柴油机，可以在它调整范围内降低转速和功率使用。对于拖拉机，如果已经有四轮拖拉机，就应该尽量购买悬挂农具配套，没有悬挂农具可以买牵引农具；如果是手扶拖拉机，则只能买与手扶拖拉机配套的农业机械。

4. 农机使用性能好

农业机械不仅在生产季节天天用、时刻不离手，而且还接连使用许多年，所以操作是否方便，安装、保养以及更换备件是否容易，都是要考虑的。否则使用者容易劳累，影响工作效率，也容易产生事故。例如：使用有液压装置的悬挂犁和牵引式犁同样耕地作业时，前者较后者少用一个农具手，避免了地头起落犁的紧张配合作业，而且地头转弯和悬空行程也大大减少。

5. 产品质量合格

产品质量直接关系到农业机械的工作可靠程度和使用寿命。

随着当前农业发展对农业机械产品的大量需求，也出现了一些粗制滥造的产品，给使用者带来不应有的损失，不仅损坏机械，而且会造成人身伤亡。所以在选购农业机械时，应购买已经鉴定定型（部或省、市级）的产品，特别是那些经过评选的获奖产品，不要购买未经任何部门鉴定定型的产品。

6. 零配件供应有保障

任何机械在使用过程中都会出现正常的磨损，也可能因为意外的事故而损坏，有些是需要经常修理更换的易损零件。因此，在购买农业机械时，要了解当地对该型农业机械的修理能力和零件、配件的供应情况，不要买那些没有零件、配件供应保障又无法修理的农业机械。一般应该优先购买本省、本地区生产的定型产品。

二、农业机械保管维护

（一）农业机械的保管

由于农业生产的季节性和农业机械工作的局限性，一种农业机械在一年中只能完成一种或几种作业项目，而且只工作很少一段时间，大部分时间是处于停放保管状态。例如：在一年一季作物的北方，犁一年只用 60 天左右，播种机、谷物联合收割机只用 10 ~ 20 天时间。一般农业机械又不像工业机械在库房内保管，而经常是放在露天场地，遭受风吹、日晒、雨淋等侵蚀。农业机械的金属制品在潮湿、酸或碱性气体的作用下，被氧化锈蚀；橡胶或塑料制品受空气中的氢和阳光紫外线作用后，将会老化；木制的零件由于微生物的作用将腐朽，或因日晒、雨淋、风干而变形。有许多零件表面看起来还很好，可是里面已经"烂"了（特别是一些铝制零件），使用起来很容易损坏，人们还常以为是使用坏了，实际上是没有保管好而造成的。

经过科学的试验测定了解到，在不同的保管条件下，金属机械零件的损失程度是有很大差别的，一般露天保管比室内保管多损失 1 ~ 1.5 倍，而在泥地上又比木板上多损失 1 ~ 1.5 倍，因此，要十分重视农业机械的保管工作。保管农业机械时要注意以下几个方面。

1. 保持农业机械的清洁

在田间作业完毕后，必须清除外部泥垢，清理工作机械内的种子、化肥、农药或植物残株，必须用水或油清洗后擦干。清洗各润滑部位，并重新进行润滑。对所有摩擦表面，如犁铧、犁壁、开沟器、锄铲等，必须拆擦净后涂机油贴纸，以减少与空气接触的机会。

2. 搞好农业机械保管

复杂、精密的农业机械，最好放在阴凉、干燥、通风的室内保管；对犁、耙、镇压器、中耕机等简单农业机械，可以在露天保管，但最好能搭棚遮盖；凡是与地面直接接触的零件，都应垫上木板；脱落的防护漆要重新涂好。

3. 搞好农业机械保护

农业机械上的弹簧必须放松，各零件不允许承受额外的压力。易腐蚀或易损坏的零、部件，如输种管、链条、犁刀、锄铲、橡胶制品等，都应拆下来放在室内保管，保管时要防止变形和挤压。为防止腐蚀、变形、老化，木质零件应涂漆，橡胶制品可以涂石蜡。

（二）农业机械的维护保养

农业机械经过磨合试运转进入正常作业以后，在长期的使用过程中，它的技术状态又逐渐地发生变化：原来拧紧的配合件可能产生松动；相互运动的零件之间，由于正常磨损而间隙变大；润滑油变脏等。如果发展下去，机械将无法继续正常工作，甚至会产生重大损坏。维护保养就是在机械的正常技术状态还没有遭到破坏之前，把应该坚固、调整的地方，进行坚固、调整；把脏油换成新油，保持正常的润滑条件，让机械总是在良好的技术状态下工作。只有这样，才能延长农业机械的使用寿命，保证农业机械高质量、高效率地工作。根据农业机械的工作特点，维护保养工作应包括以下内容。

1. 补充清洁的润滑油，更换损坏的润滑装置

农业机械一般是在多尘土或泥水中作业，润滑点的轴承在结构上多半无密封装置，有些零、部件还裸露在外面，所以必须经常清除灰尘、泥土，补充清洁的润滑油，更换损坏的润滑装置（黄油嘴等）。

2. 更换磨损了的零件

农业机械的工作部件是直接与土壤、籽粒、茎秆等工作对象接触的，因此，它们的磨损较快，如果不及时在保养中打磨刃口或更换磨损了的零件，会使工作阻力显著增加，而生产效率下降。例如：一般犁铧必须在工作 1～2 个班次后打磨刃口，爪式粉碎机的工作扁齿粉碎了 150 吨物料后要更换新品。

3. 更换新品

农业机械的技术状态直接影响机械的作业质量，例如：使用犁梁弯曲、牵引线调整不当的犁工作时。沟底的不平度高低差可达 6 厘米之多。所以，维护时要检查调整各部位，发现不符合技术要求的零、部件要拆下来矫正或更换新品。

农业机械的维护保养具体方法是根据各种不同机械的作业特点规定的，有些机械，例如：犁和耙，工作条件恶劣，泥土较多，在每班内间隔 2～3 小时或 4～5 小时就保养一次，润滑一些轴承，检查和调整工作状态；一般农业机械都在每班作业前后进行一次保养工作，主要是清除泥土、污垢，检查工作部件状况，检查各坚固件的坚固状况，进行必要的调整和润滑。另外，还规定在完成一定工作量之后进行定期保养，它除完成日常保养内容外，还要更全面地检查机械的技术状态，彻底清洗润滑部件、排除故障和更换磨损零件等。

各种农业机械的技术保养内容，在产品使用说明书中都有详

细的规定，使用者必须按要求去做。

三、农业机械试运转及操作

（一）农业机械试运转

1. 农业机械试运转的必要性

购买新的农业机械以后，不能直接投入正常生产作业，而要先进行磨合试运转工作，不然的话，机械会很快损坏。为什么会这样呢？因为机械的各种配合零件的新加工表面，有许多高低不平的加工痕迹，一般用肉眼看来很光滑的地方，用放大镜应能看到许多凹凸不平之处。如果这些零件是相互运动的，没有经过磨合就投入负荷作业，将使零件的凹凸不平的表面相互激烈的摩擦，大块的脱落，迅速地增加零件的磨损，严重时会使零件卡死、损坏，机械就无法使用了。

2. 农业机械试运转的具体操作

磨合试运转就是把新出厂的农业机械在正式投入作业之前，先空负荷和轻负荷地运转一定时间，使机械的零件经过初步磨合，把凹凸不平的表面逐渐地研磨，达到比较光滑而坚硬的程度，得到最适合零件工作的配合间隙。在试运转过程中还可以检查机械的各部状态，如零件的坚固情况、润滑情况、安装调整情况，及时排除发现的故障，使机械免遭损坏。经磨合试运转的机械再投入正式作业经得起负荷，并为以后的正常工作和延长零件使用寿命打下良好的基础。

3. 农业机械试运转的步骤

①检查机械各部状态，进行润滑调整。②空转试验。一般选用人力使机械空转，未发现异常现象再用动力机带动空转，在空转中检查机械的运转情况，发现与排除机械故障。③用动力机带动进行负荷试运转，一般由小负荷（1/3、1/2、3/4）逐步增加到全负荷工作。④试运转后再进行一次彻底检查保养，确认机械

没有任何问题以后，才允许投入正常作业。⑤每种农业机械都有自己的具体磨合试运转规定，如果找不到技术资料，可以参照上述原则进行。

（二）正确掌握农业机械操作技术

农业上使用机械不仅是为了抢时间、省劳力，而必须达到农业技术要求的质量。由于各地农业技术要求不同，在设计农业机械时都有一定的调节范围，以适应这种变化。例如：使用5T～70A型脱粒机，脱小麦时，滚筒与凹板的入口间隙为15～25毫米，出口间隙为3～5毫米，滚筒转速为1 350转/分钟；而脱水稻时，滚筒与凹板的入口间隙为22～29毫米，出口间隙为4～8毫米，滚筒转速为778转/分钟。不同的作物脱粒时，滚筒的转速和滚筒与凹板的入口、出口间隙不一样。就是同类作物，也要根据当时作物的干湿、脱粒难易等情况，在上述规定范围内进行调整。如果调整不好，就会出现跑粮、脱不净、打碎粒等损失，严重的还会造成滚筒或凹板损坏。犁耕作业也是一样，如果没有把犁调整好就作业，很可能出现犁摇头摆尾，前后左右深浅不一致，耕后地表不平整，严重的还会造成零件断裂或变形。

因此，应教会农民正确掌握农业机械的操作技术和调整方法，否则不但影响作业质量、增加农户工作负担、增加成本，也影响农资营销员的声誉。

第七章 饲料经营基础知识

随着近年我国畜牧行业迅猛发展，畜牧业对饲料的需求越来越大，我国饲料年需求量达到1亿吨以上。饲料业已成为发展迅猛的产业，饲料的经营已成为限制这个行业甚至畜牧业快速发展的瓶颈。要加大农资营销员的培训力度，尤其是饲料营销员的培训，促进我国畜牧快速健康可持续发展。

一、我国饲料标准

我国饲料工业标准分为四级：国家标准、行业标准、地方标准和企业标准。国家标准是要在全国范围内统一的技术要求，由国务院标准化行政主管部门制定，如 GBl0648—2000《饲料标签》标准和 GBl3078—2001《饲料卫生标准》等。行业标准是在没有国家标准的情况下，需要在某个行业范围内统一的技术要求，由国务院有关行政主管部门制定，并报国务院标准化行政主管部门备案，如国家医药管理局颁发的 YY0037—91《饲料添加剂维生素预混料通则》等。当公布了国家标准时，相应的行业标准即行废止。地方标准是在没有国家标准和行业标准的情况下，需要在省、自治区和直辖市范围内统一的工业产品安全、卫生要求，并报国务院标准化行政主管部门和国务院有关行政主管部门备案。

二、配合饲料的分类

配合饲料分类方法也有多种，目前，常见的有按营养成分分类，按饲养对象分类和按形状分类 3 种。

（一）按营养成分和生产层次分类

1. 全价配合饲料

饲料中的能量和各种营养成分能够满足禽畜生长、繁殖和生产需要，除水以外无需添加任何物质便可直接饲喂的饲料，叫做全价配合饲料。全价配合饲料有许多优点：如营养全面，可以促进畜禽生长发育和预防疾病，饲料周期缩短，生产成本降低，效益高等。

2. 浓缩饲料

浓缩饲料又称蛋白质平衡饲料，主要由蛋白质、常量矿物质、维生素和微量元素等组成。用来补充或平衡饲料中蛋白质以及矿物质和其他微量成分的不足。它是浓缩饲料加工厂的产品，是配合饲料工业中的中间产品，与一定比例的能量饲料混合即可制成全价配合饲料。

3. 基础混合饲料

由能量饲料和蛋白质饲料以及部分矿物质和维生素等组成，用这种饲料来补充反刍家畜青粗饲料中的能量、蛋白质等的不足，所以，也叫精料混合料。

4. 添加剂预混料

这种饲料在配合饲料中占的比例很小，作用却很大。它是以营养添加剂（氨基酸、微量矿物质元素和维生素等）和非营养添加剂（如抗生素、促生长素、驱虫保健剂和抗氧化剂等）为基础，并按一定比例加入适量载体（如石粉、玉米粉、小麦粉等）混合而成。添加剂预混料不能直接用来喂饲畜禽，必须与其他饲料按规定比例均匀混合后才可使用。

严格地说，按上述分类方法的"2、3、4"均为配合饲料的初级或中间产品。

（二）按饲养对象分类

1. 猪用配合饲料

包括仔猪，肥育猪初期、中期、后期，以及怀孕母猪，种公猪，后备母猪等专用的饲料。

2. 鸡用配合饲料

包括雏鸡、后备鸡、蛋鸡、种鸡、肉用仔鸡等用的配合饲料。

3. 马、牛、羊用配合饲料

包括犊牛，产奶牛、肉牛、役用牛、种公牛、羔羊、基础母羊、种公羊、基础母马，种公马和幼驹等的饲料。

4. 其他畜禽及鱼类饲料

包括兔、鱼、鸭、鹅、鹿、貂、鹌鹑等使用的配合饲料。

（三）按配合饲料的形状分类

1. 粉料

粉状配合饲料是目前较多见的配合饲料料型，生产工艺简单，耗电少，加工成本低，但生产粉尘大，损耗大，容易分级。这种饲料适合各种畜禽以及农村搭配青粗饲料时使用。

2. 颗粒饲料

是粉状饲料用颗粒机压制而成的。其优点是养分均匀，避免动物择食，在储运过程中不会分级，同时，增加了密度和通透性，在制粒过程中有一定杀菌作用，有利于贮藏，减少霉变发生。但加工复杂，耗电多，成本较高。

3. 破碎粒料

这种饲料是把颗粒饲料破碎成 2～4 毫米的碎粒，具有颗粒料的优点，适于喂肉鸡、小鸡等，但加工成本高。

4. 压扁料

这种饲料是在 120℃ 蒸气下将谷类压扁干燥后形成，多用于牛，可提高适口性和消化率。

5. 膨化饲料

膨化饲料也叫漂浮饲料。它是粉状配合饲料加水蒸煮后通过高压喷嘴压制干燥而成的，因含有较多空气，可以漂浮在水面上，待吸水后慢慢下沉，便于鱼类采食，减少浪费，但成本高。

此外，还有块状饲料（适用于反刍类动物）和液体饲料（一种糖蜜和添加剂的补充饲料）。

三、饲料质量检测

（一）饲料质量检测方法

优质饲料原料应该指的是根据化学成分和营养利用两方面来看都具有良好营养价值的原料。掺假或者说往优质饲料原料里掺和营养价值低或者根本没有营养价值的其他物料，这样就会生产出劣质饲料原料。低质原料是指含有较丰富的营养成分，但含有限制养分利用的天然毒素（如棉籽粕中棉酚和菜籽粕中的异硫氰酸酯和噁唑烷硫酮）和抗营养因子（如大豆制品中抗胰蛋白酶因子等）的原料。在实际生产中，在对这些原料养分、毒素含量及抗营养因子的分析，依据毒素和抗营养因子的有关限量标准，确定其在配合饲料中的最适使用比例。饲料质量通常可采用以下方法进行检测。

1. 饲料显微镜检测

饲料显微镜检测的主要目的是借外表特征（体视显微镜检测）或细胞特点（生物显微镜检测），对单独的或者混合的饲料原料进行鉴别和评价。如果将饲料原料和掺杂物或污染物分离开来以后再做比例测量，则可借显微镜检测方法对饲料原料做定量鉴定。总之，无掺假或污染的饲料原料，其化学成分与本地区推荐或报告的标准或者平均值将非常接近。借助饲料显微镜检测能告诉饲料原料的纯度，若有一些经验者还能对质量作出令人满意的鉴定。用显微镜检查饲料质量，在美国已有 50 年历史，目前已经普及。这种方法具有快速准确、分辨率高等优点。此外，还可以检查用化学方法不易检出的项目如某些掺假物等。与化学分析相比，这种方法不仅设备简单（用 50~100 倍放大镜和 100~400 倍立体显微镜）、耐用、容易购得，而且在每个样品的分析费用方面要求都少得多。商品化饲料加工企业和自己生产饲料的大型饲养场都可以采用这种方法，对饲料原料的质量进行初步的评估。

2. 点滴试验和快速试验

为了检测某种影响饲料质量的物质是否存在，许多快速化学试验法和点滴试验法已研究出来。在鉴定饲料原料和全价饲料的真实质量上，对化学分析和饲料显微镜检测都有帮助。大豆制品的脲酶活性分析可以反映出大豆制油加工过程中蒸炒的是否充分以及养分的利用情况。加上几滴 50% 的盐酸溶液，并注意二氧化碳气泡的形成，或者分离出四氯化碳中的掺杂物，即可鉴别出米糠中掺和的石灰石粉末。为了检查预混料和全价饲料中是否有某些药物、其他饲料添加剂以及矿物质和维生素，许多点滴试验方法已经研究出来。这些方法中有许多非常简便，一般养殖场也可以做。而有些技术则需要复杂的、相当贵的化学试剂，所以其仅限于商品化饲料生产。

饲料显微镜检测和点滴试验可在不同规模饲料生产企业中予以应用。在饲料加工生产过程中采用各种方法进行饲料质量检测是最理想的。然而，实际上饲料生产的规模影响检测方法的应用。对日产量大、价格和质量具有竞争性的商品化饲料生产者来说，保证进厂饲料原料和出厂饲料产品两者的质量都非常重要。有必要将饲料显微镜检测与点滴试验、快速试验以及化学分析相结合，从而把所有的饲料质量检测方法全部都利用起来，进行综合评定。对于小规模的饲料产地加工业和饲养场，一般无力提供装备精良的实验室进行化学分析，建议将开展定性、定量的全面饲料显微镜检测与某些快速试验和点滴试验相结合。总之，这些小厂和养殖场一般能够有效地采用饲料显微镜检测以及某些点滴、快速试验方法，如脲酶活性检验、尿素检验、石灰石掺假检验以及简单的浮选法检验。所有这些技术全都非常简单而实用。只要稍加培训推广，一些小型饲料加工厂和饲养场就能以较低的成本生产出优质的饲料来。

3. 化学分析

化学分析是饲料分析测定中最为普遍采用的方法。饲料原料的化学成分，通常包括常规营养成分如水分、蛋白质、乙醚浸出物（油脂）、粗纤维、中性洗涤纤维、酸性洗涤纤维、粗灰分，能量，18 种氨基酸，矿物元素，包括常量元素钙、磷、钠、氯、镁等和微量元素铁、铜、锰、锌、碘、硒等，各种维生素，有毒有害物质，包括无机有毒有害物质如砷、铅、镉、汞、铬、氟等，天然有毒有害物质如棉籽粕中的游离棉酚、菜籽粕中的异硫氰酸酯和噁唑烷硫酮，次生有毒有害物质如霉菌毒素等都可通过化学分析，获得实际的含量，并通过与标准做比较来评价其质量。

通过化学分析获得的被检分析原料的真实养分含量数据，可直接用于饲料配合。含量比较高的常规营养成分和常量矿物元素等成分的分析，不需要昂贵的设备，仅借助简单和普通的设备和设施就可开展工作，但需要训练有素的化学分析人员或者技术员。饲料企业和养殖企业都应该装备开展这些项目的实验室，以满足饲料质量控制的需要。

饲料中维生素、微量元素、氨基酸、有毒有害物质、药物等由于含量较低，它们的测定都需要借助先进的大型仪器设备如高效液相色谱、原子吸收分光光度计、离子交换色谱氨基酸分析仪、薄层色谱、层析、液相色谱质谱仪和气相色谱质谱仪等进行，仪器分析的准确度、精确度和灵敏度都非常高，检测限可达毫克/千克，微克/千克，纳克/千克水平。但设备昂贵，实验室的设施条件要求也较高。所以，只有大型的商业性饲料企业、科研院所和专门从事饲料质量检验机构才有能力和有必要装备大型先进设备。

化学分析方法仅能提供某成分的含量情况，如饲料中最为重要的养分——蛋白质，用凯氏定氮法测定，以粗蛋白质表示（$N \times 6.25$）。所得结果不能揭示氮到底来自原料中的蛋白质，还是掺杂物中的蛋白质或者样品中掺和的非蛋白氮。此外，对原料所含养分的利用情况难以明示。为了使这种方法得到最佳应用，可利用其他饲料质量检测方法对化学分析数据做相应的分析整理，并可通过几个指标，作出综合性准确判断。

4. 近红外光谱分析

近红外光谱技术（简称 NIRS）是 20 世纪 70 年代兴起的有机物质快速分析技术。该技术首先由美国农业部 Norris 开发。近 20 年来，随着光学、电子计算机学科的不断发展，加上硬件的不断改进，软件版本不断翻新，使得该技术的稳定性、实用性不断提高，应用领域也日渐拓宽。近红外光谱分析技术在测试饲料成分前只需对样品进行粉碎处理，应用相应的定标软件，在 1 分钟内就可测出样品的多种成分含量，由于其具有简便、快速、相对准确等特点，许多国家已将该技术成功地应用于食品、石油、药物等方面的质量检验。在饲料质量检验方面，不仅用于常量成分分析，而且在微量成分氨基酸、有毒有害成分的测定，以及饲料营养价值评定，如单胃动物有效能值、氨基酸利用率、反刍动物饲料营养价值评定方面也获得了许多可喜的成果。该技术还应用于许多先进的饲料厂的原料质量控制，产品质量监测等现场在线分析。

近红外光谱技术虽然具有快速、简便、相对准确等优点，但该法估测准确性受许多因素的影响。其中，以样品的粒度及均匀度影响最大，粒度变异直接影响近红外光谱的变异。虽然在样品光谱处理时采用了二阶导数，减少了粒度差异引起的误差，但在实际工作中更重要的是使定标及被测样品制样条件一致，保证样品具有粒度分布均匀，减少由于粒度变异引起的误差。但在实际工作中更重要的是使定标及被测样品制样条件一致，保证样品的粒度分布均匀，减少由于粒度变异引起的误差。

5. 生物学分析检测

随着生物学技术的不断发展和饲料质量安全快速分析需求的增加，基于免疫化学的酶联免疫吸附测定法（ELISA）和基于分子生物学的聚合酶链式反应（PCR）等快速检测方法越来越广泛应用于饲料安全检测。ELISA 主要应用于饲料中的霉菌毒素如黄曲霉毒素 B_1、农药残留、兽药等测定。目前，已经开发出很多商业性的试剂盒。该类方法具有最低检出浓度低，专一性强，成本低，分析速度快等特点，用于定性和半定量测定，尤其适合于现场大批样品的筛选分析。但该方法的缺点是，容易受基质干扰，产生交叉反应。PCR 方法目前主要用于为了防止疾病如疯牛病的传播，饲料中不同动物源性如牛、羊源成分的检测和转基因饲料的检测，通常要求最低检出限为 0.1%。此外，基于免疫化学和分子生物学的各种芯片和传感器也越来越多用于饲料安全检测和评价。

（二）饲料质量感官检测

感官检验法是利用人的感觉器官来判断饲料原料及成品品质好坏的一种方法。对色泽、气味、水分、杂质、纯质、生熟度等项目都能进行快速的鉴定。此方法如果应用得当，是相当简便和实用的。

1. 视觉检验

视觉检验法是用眼力检验品种、形态、色泽、杂质等项目的常用方法。

检验时，可抓一把样品放在手掌上或置于分析盘中，用手或刮板轻轻摊平，把视线集中在样品的某一部分，仔细鉴别，查看颗粒的整齐度、形态、色泽、光泽。对于带皮的谷物原料，还可观察其皮的厚薄、虫蛀情况、饱满程度相不完善检的多少等。对某些品种，甚至还可观察其水分含量，如玉米，可观察其色泽和胚部的形态，如玉米色泽光亮，胚部瘪缩不起毛，籽粒整齐破粒少，其水分一般在 15% 以下，如色泽发暗无光，胚部不瘪缩且起毛，则其水分可能在 16% 以上。

从色泽上判断饲料的新陈及是否受霉菌侵袭也是可行的。如品质好的其色泽新鲜，光泽好；经过高温的或存储日久的饲料色泽发暗，失去光泽，有的伴随有结块现象，赤霉病的麦粒、玉米呈现粉红色；育霉、曲霉繁殖能使大米变黄色；交链抱霉可以使籽粒变茶色，芽枝霉等菌可使籽粒变成黑褐色；根属、毛霉相酵母等大量繁育时，能使饲料变成褐色或白里色，如鼓皮、豆饼等品种，如贮藏期长久，水分高，条件不当时。常有这种现象发生。

运用一定的方法与视觉结合，还可检验饲料中的杂质含量。其方法如下：手抓一把样品，并拢四指，然后向下面斜，轻轻抖动，使样品顾指尖流出，而泥杂积聚于掌心手指中，观察杂质含量。

视觉校验时应注意的问题是，由于饲料品种繁多，其形态各异，因而要根据不同品种饲料的特点，采取不同的方法进行检验。

2. 触觉检验

这种方法是借助用手接触饲料时的感觉来判断质量的。其方法是取试样放人手掌中，用手指触摸，借手面的感触鉴别籽粒的光滑与粗糙，而后用手指捻压，来鉴别其软、硬、饱、瘪或根据手掌中籽粒的温度、轻重来鉴定水分。有的胚大的品种，如玉米，还可用指甲楔入胚部，如感觉轻松、松软则水分较大；如感觉楔入不易，阻力大，则水分在 14% 以下。

在鉴定时，还可将手插入饲料，如轻松易入，声响滑亮，则含水量低；如滞凝不易插入，则含水量高。或用手握籽粒感觉滑润干爽，格格有声，则水分低；滞凉带腻面声响嘎弱者，则含水量高。对于粉状饲料，也可用于紧握样品，如感膨松、粗粮放开时散落得开，则水分较低。

一般的谷物原料，其水分小时，籽粒瘪缩，硬度加大，有些粗粮有扎手的感觉，水分大时，组织膨胀，有松软的感觉。粒形小的籽粒，如谷子等，用手抓一把，加力一握，干燥的能从指缝中漏出，如果伸开手指仍成一团者，其水分已在 18% 以上。

触觉校验也应注意，手掌应洁净，不能有汗，另外，就是要根据饲料的粒形及特点来选择触觉的方法。

3. 嗅觉检验法

各种饲料原料及成品部具有一定的气味，当饮料失去正常品质时，就会发出各种异味来因此可通过嗅觉辨别其气味的淡浓和种类来鉴定饲料的品质。

饲料储藏时间长时，可能会发生下列气味。

（1）霉腐气味　这种气味是由于饲料（谷物籽粒）水分大呼吸作用旺盛，引起温度上升，以致使粮塔发热并开始霉变时发出的，凡有这种气味的谷物种子，多半已失去发芽能力。粮油副产品及饲料成品，有的虽无呼吸作用，但由于霉菌作用也会发生这种情况。

（2）霉菌气味　饲料发霉后，在表面寄生着各种霉菌，而发生特殊的臭味，与霉腐味相似，但更为浓烈。

（3）发酵气味　饲料发热时，由于一部分淀粉变为酒精会产生类似面粉发酵时的气味。

（4）虫臭气味　饲料受某些仓虫危害，所引起的虫臭味，如经拟谷盗危害的饲料，强烈。

（5）其他异味　如在运箱或储藏中的疏忽，使饲料吸附了其他气味，如煤油、汽油或其他物质的气味。

用此法鉴定饲料，应注意温度与气味的关系。在低温下，因气味较淡，不易鉴别，故应先用手将饲料握暖，然后张开手掌，挨近鼻尖来嗅。或取少量样品置于杯中，用温水浸泡，用盖子盖上，待开盖后嗅其气味。为了达到鉴定准确性，可与视觉结合起来运用。

4. 齿觉检验

这种方法主要适用于呈粒状的粮食如油料的检验。

取样品一粒放入口中，用门牙将籽粒咬碎，经过几次试验，根据籽粒破碎时所需压力的大小、破碎时发出响声的大小以及破碎瓣的情况来鉴别籽粒水分的大小、软硬程度和品质的优劣。牙咬籽粒时，费力，响声大、破碎程度大、碎耀清晰则水分小；反之，则水分大。如稻谷米断而壳未断，咬时松软、声响不大的，水分就大；牙咬发硬，壳、米均断，则水分就小。又如玉米，咬时牙感坚硬，断裂时响声大，籽粒裂成数瓣，其水分低。再如：大豆，用牙咬阻力大，籽粒裂成两瓣以上，则水分在安全水分以下；如牙咬不破碎，则水分在安全水分以上。

齿觉检验时应注意以下几点。

①用齿破碎籽粒时，应慢慢加力，快了就检验不准。

②试验应重复多次，还要注意籽粒的成熟程度，是否有硬实粒（尤其是豆类）。如未熟的颗粒其硬度本来低，而硬实粒由于其结构中含有少量的硅化合物及紧密的结构，硬度较大。

③为提高齿觉的鉴别能力，应经常与仪器检验方法进行对照。

④不同的粮种齿碎的方法也有所不同，如稻谷、麦类以横断为好；豆类以直裂为妥。

⑤如发现试样有显著异味、发霉、污染等情况时，不宜送入口中齿碎或味觉鉴定。

5. 听觉检验法

这是用听觉辨别饲料颗粒摩擦和断裂时发出的声音来鉴别饲料水分大小的一种方法，一般水分小的籽粒声音响亮、反之，水分大的粹粒声音发闷、滞钝。

6. 味觉检验法

取少量样品放入口中，用舌尝其滋味是否正常，有无恶味、苦味、哈辣味等。同时，用齿切嚼，辨别有无沙土杂质，评定其品质好坏。

一般品质正常的饲料原料和成品都有一定的新鲜香味。劣质的则可能具有异味，如轻度发热霉变的带有甜味，稍重的有酒味；再重的有酸味；具有苦味的时候就完全变质了。个别品种（如玉米）水分大的也带有一点甜味，有的贮藏时间长也能出现甜味（如薯类）。

小麦的制成品及副产品，如有少量的泥沙混入，通过口尝细嚼就会发生牙碜；豆饼（粕）的生熟度也可通过口尝细嚼看着有无苦涩感，如有，则是生饼。

饲料品质的优劣表现在各个方面，有的单凭感官是无法准确鉴定的，既便是有些通过感官可大致鉴定的项目，也应该从检查的结果综合分析鉴定，不能依据感官来决定其品质如何。所以，在应用感官检验法时，应多种感官、多种方法结合起来运用。只有这样，才能使感官检验这种古老的、简便、直观的方法发挥作用。

四、影响饲料质量的因素

影响饲料原料和全价配合饲料质量主要有以下几个因素。

1. 自然变异

饲料原料养分含量的自然变异系数平均为 ±10%，变异范围一般在 10%～15% 之间是正常的。饲料原料的质量因产地、年份、采样、品种、土壤肥力、气候、收割时成熟程度不同而变异。例如：普通玉米的粗蛋白含量一般在 8% 左右，而有些新品种玉米的粗蛋白含量超过了 10%。与鱼粉等蛋白质饲料原料相比，谷类及其副产品的养分含量比较稳定，变异范围较小，大豆粕也是一种养分含量变异小的蛋白质补充饲料。

2. 加工

农产品加工技术不同，生产出的产品或副产品质量就会有差异，高标准成套碾米机所生产的米糠主要含的是胚芽和米粒种皮外层。而低标准碾米机则生产出混杂有相当一部分稻壳的低质量米糠。在溶剂浸出过程中，热处理温度过低或过高所生产的大豆粕质量都会比热处理工艺温度适当所产的大豆粕质量差。

3. 掺假

颗粒细小的饲料原料易于掺假，即以一种或多种可能有或者可能没有营养价值的廉价细粒物料进行故意掺杂。一般讲，掺假不仅改变被掺假饲料原料的化学成分，而且会降低其营养价值。目前鱼粉、氨基酸添加剂原料和维生素原料等的掺假使杂现象严重。常见于鱼粉中的掺假物主要有经过细粉碎的贝壳、膨化水解羽毛粉、血粉、皮革粉以及非蛋白氮物质如尿素、缩醛脲等。赖氨酸和蛋氨酸是饲料生产中普遍采用的氨基酸饲料添加剂，掺假现象时有发生，主要掺假物有淀粉、石粉、滑石粉等廉价易得原料。其他饲料原料也可能出现掺假现象，如米糠可能会用稻壳掺假。经过细粉碎的石灰石有用做磷酸氢钙的掺杂物。由此可见，饲料掺假可以归纳为以下一些情况："以次充好"、"以假乱真"、"过失性混进杂质"、"漏加贵重成分"以及"故意增减某些成分"等。因此，在采购饲料原料时必须对其质量加以识别，进行必要的质量检查。

4. 损坏和变质

在不适当的运输装卸、贮藏和加工过程中饲料原料会因损坏和变质失去其原有的质量，高水分玉米收获后在不适当的运输装卸情况下非常容易被真菌污染而损坏。高水分米糠和鱼粉在袋装贮藏条件下会发热、自燃或者会很快发生酸败，酸败作用还促使其脂溶性维生素尤其是维生素 A 的损失，这使情况变得更糟。饲料谷物在不适当的贮藏条件下通常会被虫蚀损坏。劣质饲料原料不可能生产出优质的配合饲料。所以，选择优质饲料原料并保持其质量是制作优质动物饲料至关重要的环节。

此外，实验室的分析结果报道也有差异（有些报道是指营养成分占风干饲料的百分含量，另一些报道则是指营养成分占饲料干物质的百分比）。由于饲料在组成上有这么一些变异范围，所以针对具体的饲料应该进行具体地分析，并应切合实际地加以应用。在实际生产中多数情况下不可能对所有成分进行实际分析，因此，要根据各种原料的特点，确定关键控制指标和检测频率，有效控制饲料质量。

五、饲料经营的主要任务

饲料经营活动既要为生产服务，又要为消费服务。其主要任务如下。

（1）积极做好饲料原料的采购，广泛开辟、合理利用饲料资源　拖着饲料工业和畜牧养殖业的发展，对饲料产品质量和数量的要求越来越高，为了满足这种需求，饲料企业必须根据饲料的生产供应计划，认真做好原料采购工作，不仅要在品种和数量上满足需要，而且要在质量上严格把关，同时，要积极开发和利用新的饲料资源。

（2）认真做好饲料产品的销售工作，并积极推广宣传饲料新产品　饲料工业在我国是一门新兴工业，配合饲料产品还没有被广大用户所全部接受在我国农村用粮食直接饲养畜禽的传统饲养方法仍较普遍存在。而且随着饲料科学技术的发展，饲料产品不断向高层次发展，使新产品层出不穷。因此，认真做好饲料产品的销售、宣传、服务工作，积极开拓销售市场，扩大销量，推广新产品，开展技术咨询，实现优质服务国。同时，要因地制宜，根据用户需求，积极组织供应一些饲料添加剂、浓缩饲料、预混合饲料等，以增加自配配合饲料数量。

（3）坚持一业为主，发展多种经营　饲料企业经营业务要围绕增加生产、提高质量，扩大销量，搞好服务、满足养殖业生产发展需要这一"主业"，根据企业的实际，从有利于促进"主业"发展出发，积极开展多种经营，如从事资源开发生产、畜禽水产的养殖、加工和经营等等，以增强企业的经营活力和经济实力。

（4）提高经济效益　在开展各项经营活动中，要加强经营核算，改善经营管理，降低费用支出，加速资金周转，提高经济效益。

第二部分

农资营销技巧

第一章 市场营销基础知识

随着我国市场经济的不断深化，生产制造农资产品的企业也如雨后春笋般不断地涌现发展起来。任何企业要在激烈的市场竞争中取得生存和发展，其生产的商品能否被顾客接受，以合理的价格顺利的销售出去是至关重要的。在市场经济社会中，企业不能单纯地追求生产技术优势，更需要追求市场方面的优势。没有营销，企业就没有发展。企业的生命在于营销。市场是企业经营管理的出发点和归宿点，是企业一切管理活动的依据。对市场的认识和把握，不能凭企业经营者直观的感觉，而需要一套完整的理论和方法进行理性分析，以求更为准确地把握市场脉搏，了解消费者的真实需求。同样，农资产品的产生和发展也需要很多必不可少的基础和条件。

一、市场营销的概念

（一）市场的概念

1. 传统市场的概念

①市场是商品交换的场所，亦即买主和卖主发生交易的地点或地区。这是从空间形式来考察市场，市场是个地理概念，也就是人们通常所说的"狭义市场"。②市场是指某种或某类商品需求的总和。③市场是买主、卖主力量的集合，是商品供求双方的力量相互作用的总和。以上两种理解是从供求关系的角度提出来的。④市场是指商品流通领域交换关系的总和，这是从交换关系的角度提出的一个"广义市场"的概念。

2. 市场是一个发展的概念

现代市场营销观点认为，现代市场已超出了时空和地域的概念，由传统的交换场所演变为某种营销行为。从经营者的角度看，"市场是具有现实需求和潜在需求的消费者群"从消费者的角度看，"市场是经营者为满足消费需求所提供的一切营销行为的总和"。

（二）市场营销的基本概念

市场营销是企业以消费者需求为出发点，有计划地组织各项经营活动，为消费者提供满意的商品或服务而实现企业目标的过程。市场营销不仅仅是研究流通环节的经营活动，还包括产品进入流通市场前的活动，如市场调研、市场机会分析、市场细分、目标市场选择、产品定位等一系列活动，而且还包括产品退出流通市场后的许多营销活动，如产品使用状况追踪、售后服务、信息反馈等一系列活动。可见，市场营销活动涉及生产、分配、交换、消费全过程。

随着市场经济的不断发展、经营者的指导思想的不断演变，营销方式也在不断变革，这里介绍几种新的营销方式。

1. 绿色营销

绿色营销指企业在绿色消费的驱动下，从保护环境、充分利用资源的角度出发，通过研制开发绿色产品、保护自然、变废为宝等措施，来满足消费者的绿色需求，从而实现营销目标的全过程。

2. 直复营销

直复营销源于英文"Direct Marketing"，即"直接回应的营销"。它是以营利为目标，通过个性化的沟通媒介向目标市场成员发布信息，以寻求对方直接回应的营销过程。

3. 合作营销

合作营销指两个或两个以上相互独立的企业为增强竞争力，实现企业营销战略目标，而在资源或项目上开展一系列互利合作的营销活动方式。

4. 网络营销

网络营销是以计算机互联网技术为基础，通过顾客在网上直接订购的方式，向顾客提供产品和服务的营销活动。

5. 关系营销

关系营销指企业与其顾客及中间商等相关各方建立、保持并加强关系，通过互利交换及共同履行诺言，使有关各方实现各自目的的营销活动。企业与顾客之间的长期关系是关系营销的核心。

另外，还有一些方式，诸如整合营销、定制营销等，它们都是企业经营者指导思想演变的产物，今后还会出现一些新的方式，但其核心都是市场营销。

（三）与市场营销相关的概念

1. 企业、公司与营销者

（1）企业　以营利为目的而参与市场竞争的组织。它是从事生产或流通等经营活动，为社会提供商品或劳务，从而获取利润的独立核算、自负盈亏的法人。

（2）公司　英文原意为"合伙"。在西方国家包括个人合伙和企业合伙两种形式。营销学中的公司与企业区别不大，都是营销者。

（3）营销者　所谓市场营销者，是指希望从别人那里取得资源并愿意以某种有价之物作为交换的人。

2. 用户、客户、顾客与消费者

用户、客户、顾客与消费者是指对某种商品或劳务占有、使用并从中受益的团体或个人，都是营销者的营销对象。因为他们对商品的使用和接受形式不同，所以，使用时要注意区别开来。

3. 需要、欲望和需求

（1）需要　是指没有得到某些满足的感受状态。如人们需要食品、空气、衣服等以求生存，人们还需要娱乐、教育和文化生活。

（2）欲望和需求　是指想得到某种东西或想达到某种目的的要求。

（四）农业生产资料营销的特点

1. 分散性

中国市场不同于外国市场，农村市场不同于城市市场，农业生产资料市场又不同于其他产品市场。农业生产资料产品的市场在广大的农村，尽管农村人口众多，但它不像城市，人们是散居在不同的地域，以户为种植单位，每家每户只有一亩到几亩地不同，每家每户根据自己对未来的估计和需求种植着不同的作物。

2. 季节性

农作物生长有着极强的季节性。这是自然条件决定的，尽管反季节生产有了很大的发展，但仍不能代表整个农业生产情况。不同季节有完全不同的作物种类，因此，病虫害发生也有着极强的季节性，对土肥条件的要求也根据生长期的不同而不同。这些导致了农业生产资料产品购买的集中性，而且往往购买的时间只有短短的几天，过了这个季节只有等来年。

3. 明显的地域性

地域性表现在不同的地区农作物种类和种植结构不同，对农业生产资料产品需求的种类和数量也不同。农村分布在山区、平原、丘陵。有水浇地、干旱、半干旱之分。不同的地域有着不同的气候、不同的作物结构、不同的水肥条件，农民有着完全不同的种植和生活习惯。不同地域的种植结构不同，对种子、农药、化肥等的要求不同。就是同一种作物，在不同的地域，由于气候条件、水肥条件的不同，导致病虫害的发生种类不同，数量不同。例如：南方以水稻为主，而北方以小麦为主。

4. 农业生产资料产品需求的弹性较小

由于人们用于生产农产品需要的农业生产资料产品的数量基本是不变的，因而农业生产资料产品的需求弹性较小。人们不会因为农业生产资料产品价格变化，某一期间对农业生产资料产品的基本需求量发生大的改变。

5. 受气候条件的影响

气候条件对农业生产资料市场的影响是间接的。气候的变化直接影响作物生长，病虫害的发生发展，作物对水肥的需求。这样间接地影响了对农业生产资料产品的需求量，对来年市场需求很难加以定量估计。农民不可能在无水可浇灌的干旱天气中施肥，因而对肥料的需求降为最低；在雨季不会想到去使用杀虫剂。

6. 受农产品价格影响

农产品价格影响的是农民对来年市场价格预期和信心，从而影响本年度的投资力度。

7. 信息的不对称性

农村因为通信较为落后，对市场信息的掌握很少，形成大量的信息无法到达农民手中，指导农民的农业生产。从而使农民对产品的技术性能、品质知之甚少，使用成本增加。

8. 政府宏观政策调控的特殊性

农业生产资料作为普遍适用的生产资料，其质量关注着每一户家庭的收成和收入。如果因为农业生产资料的质量原因而造成损失，那么对于农民来说影响是非常巨大的，很可能意味着血本无归，并且这种损失一般是无法弥补的。所以，国家对农业生产资料市场的秩序问题非常重视，因为这个问题要是处理不好，就会对生产发展、人民生活、社会安定构成威胁。另一点，我国农产品出口所遭遇的国际纠纷很大一部分是由于不合格的农业生产资料产品引起的，这使政府面临了一些来自外部的压力。所以政府采取特殊政策来扶持或监管农业生产资料产品的生产和经营。

二、农资商品的定价原则

价格构成的 4 个要素是生产成本、流通费用、税金和利润，商品成本。消费者需求、商品特征、竞争者行为、市场结构等都将对价格产生影响。

农资商品的定价原则是企业在定价之前必须首先确定定价目标，明确定价的程序，结合市场营销活动中的具体策略，同时，考虑定价导向，定出保证营销目标实现的合理价格。

（一）农业生产资料定价目标

一般来讲，企业可供选择的定价目标有以下六大类。

1. 以获取利润为导向的定价目标

利润是农资企业从事经营活动的主要目标，也是一个农资企业生存和发展的源泉。因此，许多企业都把利润作为重要的定价目标，这样的目标主要有 3 种。

（1）以获取最大利润为定价目标 以最大利润为定价目标，指的是企业期望获取最大限度的销售利润。

追求最大利润并不一定追求最高价格，当一个企业的产品在市场上处于某种绝对优势地位时，如有专卖权或垄断等，固然可以实行高价策略，以获得超额利润，然而，由于市场竞争的结果，使任何企业要想在长时期内维持一个过高的价格几乎是不可能的，必然会遭到来自各方面的抵制。诸如：消费需求减少，代用品加入，竞争者增多；消费者购买行为推迟，甚至会引起公众的不满而招致政府干预等。

（2）以获取目标利润为定价目标 以预期的利润作为定价目标，就是农资企业把某项产品或投资的预期利润水平，规定为销售额或投资额的一定百分比，即销售利润率或投资利润率。产品定价是在成本的基础上加上目标利润，根据实现目标利润的要求，企业要估算产品按什么价格销售、销售多少才能达到利润目标，一般来说，预期销售利润率或投资利润率要高于银行存款利率。

（3）适当利润目标 也有些企业为了保全自己，减少市场风险，或者限于实力不足，以满足于适当利润作为定价目标，例如按成本加成方法来决定价格，就可以使企业投资得到适当的收益。而它的限度，则可以随着产销量的变化，投资者的要求和市场可接受的程度等因素有所变化。这种情况多见于处于市场追随者地位的企业。

2. 以产品销量为导向的定价目标

这种定价目标是指农资企业希望获得某种水平的销售量或市场占有率而确定的定价目标。

（1）保持或扩大市场占有率 市场占有率是企业经营状况和企业产品在市场上的竞争能力的直接反映，对于企业的生存和发展具有重要意义。所以，有时企业把保持或扩大市场占有率看得非常重要。因为市场占有率一般比最大利润容易测定，也更能体现企业努力的方向。一个企业在一定时期的盈利水平高，可能是由于过去拥有较高的市场占有率的结果，如果市场占有率下降，盈利水平也会随之下降。

（2）增加销售量 是指以增加或扩大现有销售量为定价目标，这种方法一般适用于企业产品的价格需求弹性较大，企业开工不足，生产能力过剩，只要降低价格，就能扩大销售，使单位固定成本降低，企业总利润增加。

3. 以应付和防止竞争为导向的定价目标

是指企业主要着眼于在竞争激烈的市场上以应付或避免竞争为导向的定价目标。在市场竞争中，大多数竞争对手对价格都很敏感，在定价以前，一般要广泛搜集信息，把自己产品的质量、特点和成本与竞争者的产品进行比较，然后制定本企业的产品价格。通常采用的方法有：①与竞争者同价；②高于竞争者的价格；③低于竞争者的价格。

4. 以产品质量为导向的定价目标

指企业要在市场上树立产品质量领先地位的目标，而在价格上作出的反应。优质优价是一般的市场供求准则，研究和开发优质产品必然要支付较高的成本，自然要求以高的价格得到回报。从完善的市场体系来看，高价格的商品自然代表着或反映着商品的质量及其相关的服务质量。

采取这一目标的企业必须具备以下两个条件：一是高质量的产品，二是提供优质的服务。如果企业不具备以上条件，而采取高价位策略，只会吓跑顾客，失去市场。

5. 以企业生存为导向的定价目标

当企业遇到生产能力过剩或激烈的市场竞争或者要改变消费者的需求时，它要把维持生存作为自己的主要目标。为了保持工厂继续开工和使存货减少，企业必然要制定一个低的价格，并希望市场是价格敏感型的。生存比利润更重要，不稳定的企业一般都求助于大规模的价格折扣，为的是能保持企业的活力。对于这类企业来讲，只要他们的价格能够弥补变动成本和一部分固定成本，即单价大于单位变动成本，他们就能够维持住企业。

6. 以分销渠道为导向的定价目标

对于那些需经中间商经销产品的农资企业来说，保持分销渠道畅通无阻，是保证企业获得良好经营效果的重要条件之一。为了使得分销渠道畅通，企业必须研究价格对中间商的影响，充分考虑中间商的利益，保证对中间商有合理的利润，促使中间商有充分的积极性去推销商品，在现代市场经济中，中间商是现代企业营销活动的延伸，对宣传产品，提高企业知名度有十分重要的作用。企业选择分销渠道要考虑下列因素。

①企业产品的市场特征，市场覆盖面的大小；

②企业自身的营销能力和营销网络；

③市场需求程度和同类产品的竞争状况；

④企业实力和愿望。

（二）农业生产资料定价程序

由于价格涉及企业、竞争者、购买者三者之间的利益，因而为产品定价既重要又困难，掌握定价的一般程序，对于制定合理的价格是十分必要的。

1. 明确目标市场

定价的第一步，首先要明确目标市场，目标市场是企业的产品所要进入的市场。具体来讲，就是谁是本企业产品的购买者和消费者。目标市场不同，定价不同。分析目标市场一般要分析：该市场消费者的基本特征、需求目标、需求强度、需求潜量、购买力水平和风俗习惯等情况。

2. 分析影响产品定价的因素

只要分析农资产品的产品特征、市场竞争状况、产品价值、政策法规等因素的影响。

（1）产品特征　产品是企业整个营销活动的基础，在产品定价前，必须对产品进行具体分析。主要分析产品的寿命周期、产品的功能对购买者的吸引力、产品成本水平和需求弹性等。

（2）市场竞争状况　在竞争的市场中，任何企业为产品定价或调价时，必然会引起竞争者的关注，为使产品价格具有竞争力和盈利能力，产品定价或调价前，对竞争者产品及其价格进行分析是十分重要的。对竞争者进行分析，主要分析：同类市场中主要的竞争者是谁，其产品特征与价格水平如何，各类竞争者的竞争实力等。

（3）货币价值　价格是价值的货币表现，商品价格不仅取决于商品价值量的大小，而且还取决于货币的价值量的大小。商品价格与货币价值量成反比例关系。在分析货币价值量对定价的影响时，主要分析通货膨胀的情况，一般是根据社会通货膨胀率的大小对价格进行调整，通货膨胀率高，商品价格也应随之调高。

（4）政府的政策和法规　一定的经济政策和法规对企业定

价有约束作用，因此，企业在定价前一定要了解政府对商品定价方面的有关政策和法规。

为产品定价不仅要了解一般的影响因素，更重要的是要善于分析不同经营环境下，影响商品定价的最主要因素的变化状况。

3. 确定定价目标

定价目标是在对目标市场和影响定价因素综合分析的基础上确定的。定价目标是合理定价的关键。不同企业，不同的经营环境和不同经营时期，其定价目标是不同的，在某个时期，对企业生存与发展影响最大的因素，通常会被作为定价目标。

4. 选择定价方法

定价方法是在特定的定价目标指导下，根据对成本、供求等一系列基本因素的研究，运用价格决策理论，对产品价格进行计算的具体方法。定价方法一般有 3 种，即以成本为中心的定价方法，以需求为中心的定价方法和以竞争为中心的定价方法。这 3 种方法能适应不同的定价目标，企业应根据实际情况择优使用。

5. 最后确定价格

确定价格要以定价目标为指导，选择合理的定价方法，同时，也要考虑其他因素，如消费者心理因素，产品新老程度等。最后经过分析、判断以及计算，为产品确定合理的价格。

（三）农资产品定价的依据

农资产品定价的依据很多，有企业内部依据，也有企业外部依据；有主观的依据，也有客观的依据。概括起来，大体上可以有产品成本、市场需求、竞争因素和其他因素 4 个方面的依据。

1. 产品成本

对企业的定价来说，成本是一个关键因素。企业产品定价以成本为最低界限，产品价格只有高于成本，企业才能补偿生产上的耗费，从而获得一定盈利。但这并不排斥在一段时期在个别产品上，价格低于成本。

在实际工作中，产品的价格是按成本、利润和税金 3 部分来制定的。成本是构成价格的主要因素，这只是就价格数量比例而言。企业定价时，不应将成本孤立地对待，而应同产量、销量、资金周转等因素综合起来考虑。成本因素还要与影响价格的其他因素结合起来考虑。

2. 市场需求

产品价格除受成本影响外，还受市场需求的影响。即受商品供给与需求的相互关系的影响。当商品的市场需求大于供给时，价格应高一些；当商品的市场需求小于供给时，价格应低一些。反过来，价格变动影响市场需求总量，从而影响销售量，进而影响企业目标的实现。因此，企业制定价格就必须了解价格变动对市场需求的影响程度。

3. 竞争状态

市场竞争也是影响价格制定的重要因素。根据竞争的程度不同，企业定价策略会有所不同。按照市场竞争程度，可以分为完全竞争、不完全竞争与完全垄断 3 种情况。

4. 政府价格管制

企业的定价策略除受成本、需求以及竞争状况的影响外，还受到其他多种因素的影响。这些因素包括政府或行业组织的干预、消费者习惯和心理、企业或产品的形象等。

（四）农资定价方法

农资定价方法是指农资企业为了在目标市场上实现定价目标，而给产品制定一个基本价格或浮动范围的方法。影响价格的因素比较多，然而在制定价格时主要考虑因素是产品成本、市场需求和竞争情况。产品成本规定了价格的最低基数，竞争者的价格和代用品的价格提供了企业在制定其价格时必须考虑的参照点，在实际操作中往往侧重于影响因素中选定若干定价方法，以解决定价问题。

1. 成本导向定价

成本导向定价法是以成本为中心，按卖方意图定价的方法。

其主要理论依据是，在定价时，首先要考虑收回企业在生产经营中投入的全部成本，然后再考虑获得一定的利润。产品的成本包括企业在生产经营过程中所发生的一切费用。定价中考虑的成本是按照成本习性进行分类和应用的。

2. 定价方法

以成本为中心的定价方法主要有成本加成定价法、目标收益定价法、售价加成定价法3种。

3. 需求导向定价

这是一种以需求为中心，以顾客对商品价值的认识为依据的定价方法。

（1）认知价值定价法　一般讲，每一种商品的性能、用途、质量、外观及其价格等在消费者心目中都有一定的认知和评价。当卖方的价格水平与消费者对商品价值的认知水平大体一致时，消费者才能接受这种价格。认知价值定价法与现代产品定位思想很好地结合起来，成为当代一种全新的定价思想和方法，被越来越多的企业所接受。

（2）差别定价法　是指在给产品定价时可根据不同需求强度、不同购买力、不同购买地点和不同购买时间等因素，采取不同的价格。

4. 竞争导向定价

这种方法是指，企业为了应付市场竞争的需要而采取的特殊的定价方法。主要有随行就市定价法、倾销定价法、垄断定价法、保本定价法、变动成本定价法、密封投标定价法、拍卖定价法。

5. 农资连锁经营定价

对农资营销店采取连锁经营，那么，乡村两级农资营销店可以采取农资连锁制定统一价格。

（五）农业生产资料价格策略

在市场营销中，农资企业为了竞争和实现经营战略的需要，经营对价格规定一个浮动范围和幅度，根据销售时间、对象以及销售地点的不同，灵活地修订价格，使价格与市场营销组合中的其他因素更好地配合，促进和扩大销售。

1. 价格折扣与折让

价格折扣与折让，是指农资企业为了更有效地吸引顾客，扩大销售，在价格方面给顾客的优惠。

（1）现金折扣　这是指企业为了加速资金周转，减少坏账损失或收账费用，给现金付款或提前付款的顾客在价格方面的一定优惠。

（2）数量折扣　是指企业给大量购买的顾客在价格方面的优惠。购买量越大，折扣越大，以鼓励顾客大量购买。数量折扣又分为累计折扣和非累计折扣。

（3）职能折扣　又称同行折扣或贸易折扣。这是生产企业给予中间商或零售商的价格折扣。

（4）季节折扣　这是指生产季节性产品或经营季节性业务的企业为鼓励中间商、零售商或顾客早进货、早购买而给予的价格优惠。采取这种策略，是为了减少企业的仓储费用，加速资金周转，实现企业均衡生产和经营。

（5）推广折扣或折让。

（6）以旧换新折让　企业收进顾客交回本企业生产的旧商品，在新商品价格上给予顾客折让优惠。

2. 促销定价

农资企业为了促进商品销售，把价格修订得低于价目表，甚至低于成本，这种价格成为促销价格。

（1）季节性削价　有些农资经销商，为了节省仓储费用，加速资金周转，对季节性商品削价销售。

（2）心理折扣　商店对某些商品定价很高，然后大肆宣传大减价，使顾客在心理上产生大降价、大为便宜的感觉。

（3）促销　商店为了招徕顾客，暂时大幅度削减几种商品的价格，以吸引顾客购买，并带动其他正常定价商品的销售。

采取以上促销价格策略时，农资经销企业事先都应做好可行性分析，对降价幅度、品种数量、顾客心理、产品成本，以及降价所能达到的效果等进行认真研究和分析，使促销达到预期的目的。

3. 地理定价

与地理位置有关的修订价格的策略，主要是在价格上灵活反映和处理运输、装卸、仓储、保险等多种费用。这种策略，在对外贸易中更为普遍，根据商品的流通费用在买卖双方中分担的情况，表现为各种不同的价格。

（1）产地价格　又称离岸价格（FOB），是指顾客在产地按厂价购买产品，卖主负责将产品运至顾客指定的运输工具上，交货前的有关费用由卖方负担，交货后的有关运费、保险费等由买方负担。我国企业的商品进口中，多选择这种方式。

（2）买主所在地价格　又称到岸价格（CIF）。这种策略与前者相反，企业的产品不管卖向何方，也不管买方路途的远近，一律实行统一运送价格，即把商品运到买方指定的目的地。到达目的地前的一切运费、保险等费用均由卖方负担。

（3）成本加运费价格　又称 C&F 价格。内容与买主所在地价格相似，只是卖方不负担保险费。

（4）分区运送价格　这是买方所在地价格的一种变化形式。是指把整个市场划分为几个大的价格区域，在每个区域内实行统一价格，一般是原材料和农产品实行此种价格策略。

（5）运费补贴价格　这是指卖方对距离远的买方给予适当的价格补贴；以补偿买方较大的运输费用。

三、农资商品的营销策略

目前，农资企业的市场竞争非常激烈，农药化肥和种子及农机的新品种花样翻新，名目众多，让广大农民眼花缭乱，他们每天都要面对大量的农资广告信息，农资产品必须要有自己的特点，才能引起农民的注意，但是，大多数的生产商和销售商因为多方面的原因，都很难或者不太愿意尝试直接将农药化肥等打入最底端的基层市场，而是通过各级代理商将其以批发的形式进入基层进行销售。而近年来层出不穷的农资造假手段，这些假劣产品在外观上达到了以假乱真的程度，造假手段可谓无奇不有，假冒的国内外优质农药、化肥，单从包装、气味和颜色等方面难以识别，给农资营销带来了诸多的影响因素。在营销策略上，值得我们足够重视。

（一）做好农资商品的营销

1. 重视宣传广告和推介对农资销售的影响

面对农资市场供应渠道多，门类复杂的现实，农民需要了解农药、化肥、植物激素等方面的产销及发展趋势，尤其是想了解中央和地方调控价格、维护农民利益的信息，也需要了解鉴别假冒伪劣产品的知识，以防上当受骗，消费的这种心理是合情合理的。而目前，生产商的广告宣传渠道主要为杂志、报纸。目前，大多数农资经销商在广告方面的花费都很少，以种子为例一般为销售额的3%左右。

2. 不要在包装上过于讲究

农资的包装并不是影响购买决定的重要因素，农民最关心和看重的是农资的内在品质，农资的合理包装，只有讲究了内在质量，才会受到农民的喜爱。

3. 正确看待价格对销售的影响

农资的价格不是影响农民购买农资的决定因素，因为消费者注重的是农药，化肥等农资产品的内在品质和有无高效益等方面。对于品质好，有信誉的农资，农民还是愿意出高价购买的。高价位的农药和化肥及农用激素等的销售量，并没有因价格因素而减少，反而会是只优质优价高销量才会不断增加，甚至在某个时候出现空档断货，就足以说明这一点。

4. 多指导农民算算账

现在越来越多的人为农民算账，这是一件好事。因为把账算清楚了，农民的难处才能显现出来。但是，目前有的为农民算账主要是用来给相关部门看的，让他们了解农民的难处以便对政策进行调整。而在目前这种情况下农资产业内的人应该把这样的账算下去。

5. 要进一步强调售后服务

农资生产企业和各级经销商对服务消费应尽责。现在投放市场销售的农药、化肥和种子等农资商品比较多，每年都在不断变化，而且新上市的产品含量、使用方法都不同，作为经销商来说，现在进入"服务消费"时代，强化售后服务指导，在产品销售时，有责任将产品的使用方法和注意事项向消费者作必要的说明，告诉他们如何使用，避免造成损失，不能一卖了之。

目前，更有一部分新的农资销售商，对新的农资商品缺乏了解，往往习惯于传统的使用方法，忽略商品使用详细说明，这样一来，由于使用方法不对，很容易造成损失，引发纠纷。因此，在农民中普及农资商品知识，引导农民科学种田显得尤其重要。消费提示多加指导。

如今，农村消费维权服务站已开始建立，不少乡村还建立了维权流动服务组织。因此，农资企业和经销商可与农村各级的消费维权组织紧密结合起来，利用"三下乡"、"农民电视讲座"、"网络短信"等形式，讲解有关法律法规和农资商品知识，定期发布消费提示，引导农民科学合理消费，及时化解消费风险，确保农民利益不受侵害，只有大家携起手来，才能真正堵住假农资的上市之路，净化农资市场，全面实现打假与销售的"双赢"，切实维护好消费者的权益。

（二）目前主要的营销方式

1. 电视广告

电视广告有利有弊，如果产品质量非常过硬，农药厂家的广告宣传能够结合产品实际，贴近各级经销商和农民，以技术辅导为导向的广告宣传值得考虑；如果产品质量非常一般，就是为了忽悠老百姓，赚一把就走，这是搬起石头砸自己的脚，趁早收手。

2. 技术推广会

技术推广会是更高境界的一种促销策略。目前，已经有一些思维超前的农药厂家开始重视甚至运作得非常娴熟了，比如：郑州锦绣化工科技有限公司就是典型代表。这种促销形式代表了未来的发展趋势。

3. 明返

明确返利标准，使销售环节在销售产品前明确利润。此类产品以进口产品、国内专利产品、少量高档产品为主。

优点：①明确规定产品零售价格、通路利润；②零售价收款，高度的区域保护；③各瓶（袋）均有明确产品代码；④利润透明，各环节直接明白利润，商家短期内迅速看到受益点；⑤现款操作，强大的资金流，促销力度大。如计划内使有较大特点产品在短期形成爆发式销售，明返无疑是一种较好的选择。

缺点：①通路经销商易出现恶意竞争，销售后期为了完成销售任务、减少库存压力易出现不规则竞争；②管理控制措施执行力度弱；③退货比例小，经销商易形成较大库存压力；④通路利润较低时经销商销售积极性差；⑤返利兑现周期较长，基本以产品销售周期为准，占用资金周期长，形成无形利润流失。

4. 暗返

通路利润返利标准在销售季节前不明确，产品只有零售价，待产品销售季节结束后，由厂家或商家根据市场行情明确返利标准。

优点：①在较大的区域内对厂商来说有利于控制市场；②易于厂商分配通路利润；③有利于稳定市场，防止恶意扰乱市场；④产品生命周期长。

缺点：①返利标准受市场因素影响大；②易使通路各环节对利润产生较高期望值；③产品同质化严重时，相对明返、模糊返利形式易形成较大库存；④无法明确执行现款操作，资金流周期较长；⑤在控制退货率的情况下，对最终结算形成较大阻力，给厂商形成较大市场风险。

5. 买赠促销

消费者在购买某一产品时可得到一份产品或礼品赠送，多用于在一定营销状况下，吸引消费者购买新产品、弱势产品和老顾客的重复购买，实际上是对消费者一种额外的馈赠和优惠。

买赠目的：①提升产品或品牌认知度；②刺激产品销售；③提升品牌形象。

赠品选择原则：①保持与产品的关联性；②设计程序简单化；③不要夸大赠品的价值。即"看得见，拿得到，用得好"。

优点：①有利于新品在短期内，形成爆发式销售，在局部迅速形成产品影响力；②产品性价比较高，易使客户产生得到实惠的感觉。

缺点：①赠品易于被下层环节截流，"放之四海"却不"准"，起不到应有的效果；②主线产品形成变相降价，造成市场混乱。

在买赠时需注意的事项：①在配赠品包装上明确标上"非卖品"的标志，"逼迫"渠道商将之送给消费者，以达到配赠的目的；②在选择配赠品时，应该首先考虑到渠道各个环节的需求以及消费者的需求，有的放矢，根据不同地域的情况不同对待。真正让渠道满意，让消费者喜爱和接受；③注意配送的比例，以便让渠道各个环节方便地将配送品送给下一级销售网络和消费者；④做好渠道的监控工作和沟通工作，了解赠品流向、所起作用、还存在的问题，并及时纠正。

6. 产品销售累计奖励

产品销售不仅取决于产品，而且取决于零售商，零售商愿意卖哪个产品，哪个产品就会卖得很好；反观各企业都在千方百计的鼓励零售商的积极性，让他们能够多卖；虽然零售商都是以追求利润的最大化为经营宗旨，但利润不是厂家给的，而是市场给的。降价肯定不是好办法，这就有了另一种促销方式——产品累计奖励；这对销售确有一定帮助。也就是制定一个有奖销售方案，分几个不同级别，根据实际销量，给予一定的物质奖励。从季节开始到季节结束，累计卖多少货，拿什么奖励；的确实实在在地提高了经销商的推广积极性，零售商在正常获利外，还能得到额外的物质收获，商家自然乐意去做，乐意主推您的产品。但是，也存在一定的风险，因为奖励数额公开，如果奖励额度高于其他厂商的产品，这样做确有效用，若没有高于其他产品，就失去了它的应有作用。

四、农资商品市场信息的收集、分析及市场预测

营销信息是指一个由人员、机器和程序所构成的相互作用的连续复合体，为市场营销决策（常规性）收集企业内外资料并进行常规管理（筛选、分类、储存、分析、评价、传递）的系统。企业通过借助市场营销信息收集、整理、分析、评价和分配有用的、适时的和准确的信息，为市场营销管理人员改进市场营销计划、执行和控制工作提供依据。这个系统能经常为营销管理层提供所需信息，有助于市场营销决策人员改善营销活动的计划、实施与控制的过程。

营销信息能对企业实现营销目标产生巨大作用已成为共识，而每个公司都必须将营销信息有效传递给市场营销经理。许多企业都在研究经理们对信息的需要，但要使灵敏、准确、经济的营销信息，真正成为企业营销成功的重要因素，企业还必须建立科学的营销信息系统，形成综合性、全方位的营销信息网络，使营销信息在更高程度、更广泛基础上被利用，有利于企业取得营销

信息，提高处理营销信息和提高营销科学决策的能力。

（一）企业市场信息收集的概念和内容

1. 市场信息收集的概念

市场信息收集是企业以营销管理和决策为目的，运用科学的方法，系统地设计、收集、分析并报告与公司所面临的特定营销状况有关的调查研究结果的过程。市场信息收集结果为企业营销管理者制定有效的市场营销决策提供重要的依据。

2. 企业市场信息收集的内容

（1）市场信息收集对企业的作用

①可决定企业发展方向。市场信息收集是市场营销活动的重要环节。通过市场信息收集，企业能够识别目标，细分市场需要，发现市场机会，评估与优化营销组合，监测市场环境的变化，测评产品或服务质量以及经营业绩等。

②为企业经营成功打下良好的基础。通过市场信息收集，能够让生产产品或提供产品服务的农业生产资料企业了解农民对其产品或服务质量的评价、期望和想法。

③保证营销决策准确及时，提高经济效益。给消费者提供一个表达自己意见的机会，使他们能够把自己对产品或服务的意见、想法及时反馈给农业生产资料企业或经销商。

（2）企业市场信息收集的内容　对企业而言，需要进行以下几方面的市场信息收集。

①产品调查（生产者供应调查）这方面的调查应侧重于与本行业有关的社会商品资源及其构成情况，有关企业的生产规模和技术进步情况，产品的质量、数量、品种、规格的发展情况，原料、材料、零备件的供应变化趋势等情况，并且从中推测出对市场需求和企业经营的影响。调查新产品发展趋势情况。同时，主要为企业开发新产品和开拓新市场搜集有关情报，内容包括社会上的新技术、新工艺、新材料的发展情况，新产品与新包装的发展动态或上市情况，某些产品所处的市场生命周期阶段情况，

消费者对本企业新老产品的评价以及对其改进的意见等。

②顾客调查（消费者需求调查） 消费者需求是产品的基点与起点，任何成功的产品定位都必须建立在对消费者需求的深刻理解与把握上。因此，在产品研发、定位的各个阶段都要深入调查、把握消费者需求特征以及需求的变化，并积极主动的将消费者的意见与建议纳入到产品研发中来。一般来说，对消费者的调研包括目标消费者的类别、身份、购买能力、购买欲望、购买动机、购买习惯、心理特征、文化背景等各个方面，以便公司根据消费者的需求设计、开发产品，并进行准确的市场定位，满足消费者的需求。

顾客的需求应该是企业一切活动的中心和出发点，因而调查消费者的需求，就成了市场信息收集的重点内容。这一方面主要包括：服务对象的人口总数或用户规模、人口结构或用户类型、购买力水平及购买规律、消费结构及变化趋势、购买动机及购买行为、购买习惯及潜在需求，对产品的改进意见及服务要求等。

③销售调查 调查销售渠道的情况。主要是调查了解商品销售渠道的过去与现状、包括商品的价值运动和实体运动所经的各个环节，以及推销机构和人员的基本情况、销售渠道的利用情况、促销手段的运用及其存在的问题等。

④促销调查 对企业定期或不定期的促销活动情况进行调查。包括促销手段、促销频率、促销效果、年度促销方案等。

⑤调查市场竞争的有关情况 竞争信息是任何产品定位所需要掌握的关键信息。只有全面而深刻的了解竞争对手的信息，才能在洞悉竞争对手竞争战略、竞争策略、营销方式、产品特点的基础上，运用综合的定位技术，与竞争对手进行有效的区别，从而在消费者心目中建立清晰的品牌形象，准确切入市场。主要包括：同行业或相近行业的各企业的经济实力、技术和管理方面的进步情况；竞争性产品销售和市场占有情况、竞争者的主要竞争；竞争性产品的品质、性能、用途、包装、价格、交货期限以

及其他附加利益等，还可以根据先进入市场的企业的一些经济技术指标、人员培训、重要人才进出情况、新产品的开发计划等情报，加以对比、借鉴或参考。

（二）市场信息收集的步骤

市场信息收集是一项十分复杂的工作，要顺利地完成调研任务，必须有计划有组织有步骤地进行。但是，市场信息收集并没有一个固定的程序可循。一般而言，根据调研活动中各项工作的自然顺序和逻辑关系，市场信息收集可分为以下 4 个阶段，如图 2-1 所示。

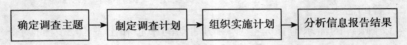

图 2-1　市场营销调研的程序

1. 确定调查主题

调查项目是确定调查所要解决的具体问题和调查目标，它回答的是：通过市场信息收集要解决什么问题？并把要解决的问题准确地传达给市场信息收集者。

2. 制定调查计划

市场信息收集的第二阶段是制定出最有效地收集所需信息的计划。研究设计是指导调研工作顺利执行的详细蓝图，主要内容包括确定资料的来源和收集方法、调查手段、抽样方案以及调研经费预算、时间进度安排和联系方法等（表 2-1）。

表 2-1　市场信息收集计划的主要构成

资料来源	一手资料、二手资料
调查方法	观察、专题讨论、问卷调查、实验
调查手段	问卷、仪器
抽样方案	抽样单位、样本规模、抽样程序
联系方法	电话、邮寄、面访

3. 组织实施计划

在研究设计完成之后，执行阶段就是把调研计划付诸实施，这是调研工作的一个非常重要的阶段。此阶段主要包括实地调查即收集资料。收集资料是成本最高也是最易出错的阶段，但现代计算机和通信技术使得资料收集方法迅速发展。主要包括调查准备、调查人员培训、调查作业管理、调查复核几个部分。大多数数据的收集工作可以由专业调研公司来完成。

4. 分析信息报告结果

市场信息收集的下一步是对数据进行审核，从数据中提炼出与调查目标相关的信息，对主要变量计算平均值等。调查员还可以通过对某些高级统计技术和决策模型的应用来发现更多的信息。随后把同营销管理者进行关键的市场营销决策有关的主要调查结果报告出来（表2－2）。

表2－2　市场信息收集报告结果内容

封面	报告题目；作者；执行单位；委托单位；日期
目录	内容目录；表目录；图片目录；附件目录
执行总结	1. 主要结果；2. 结论；3. 建议
正文	1. 调研问题：背景；问题的陈述
	2. 调研方法
	3. 调研设计：设计类型；原始或二手数据收集；问卷设计；样本设计；现场实施控制
	4. 数据分析：数据分析方法；数据分析方案
	5. 调研结果
	6. 结论与建议
附件	问卷与图表；统计分析结果

（三）市场信息收集的方法

在市场信息收集的设计和执行阶段，要根据市场信息收集的目的和具体的研究目标，选择合适的调查对象，采用适当的调查方法和技术，获取完整可靠的信息。这些在实践中发展起来的方法和技术，既包含一些基本的操作程序，又涉及研究者的运用技巧，各自都有其适用的范围和优缺点。调查方法一般分为四类，即观察法、访问法、实验法和专题讨论法。现分别叙述如下。

1. 观察法

观察法是由调查员直接或通过仪器在现场观察调查对象的行为动态与背景并加以记录而获取信息的一种方法。观察法分人员观察和机器观察，在市场调研中用途很广。观察法可以观察到消费者的真实行为特征，但只能观察到外部现象，无法观察到调查对象内在的动机及态度等。

2. 访问法

访问法是营销调研中使用最普遍的一种调查方法。它把研究人员事先拟订的调查项目或问题以某种方式向被调查者提出，要求给予答复，由此获取被调查者或消费者的看法、认识、喜好和满意等方面的信息，再从总体上加以衡量。

访问法的分类：按照调查人员与被调查者接触方式的不同，访问法又分为个人访谈、电话访问、邮寄访问和网上询问；按照访问问卷是否标准可分为标准式访问和非标准式访问。标准式访问是按照调查人员事先设计好的、有固定格式的标准化问卷，按顺序依次提问，并由受访者做出回答。其优点是能够对调查过程加以控制，从而获得比较可靠的调查结果；非标准式访问事先不制作统一的问卷或表格，没有统一的提问顺序，调查人员只是给一个题目或提纲，由调查人员和受访者自由交谈，以获得所需的资料。

3. 实验法

实验法来源于自然科学的实验求证，是最科学的调查方法。是指在控制的条件下对所研究的现象的一个或多个因素进行操纵，以测定这些因素之间的关系，适用于因果性调查。实验方法现在广泛应用于市场信息收集，主要包括实验室实验和现场实验两种。现场实验其优点是方法科学，能够获得较真实的资料。但大规模的现场实验往往很难控制市场变量，影响实验结果的内部有效性。实验室实验正好相反，内部有效度易于保持但难于维持外部有效度。实验室实验的不足是周期较长，研究费用昂贵，严重影响了实验方法的广泛使用。

4. 专题讨论法

根据调查目的，邀请 6～10 人，在一个有经验的主持人的引导下共同讨论一种农业生产资料产品、一项服务、一个组织或其他市场营销话题。专题讨论法属于定性调查方法。一般要求主持人对讨论话题非常了解，具备客观性，并了解消费者，懂得群体激励。在讨论环境上要求轻松，畅所欲言。这是设计大规模调查问卷前的一个试探性的阶段，对于正规调查很有帮助。

综合上述分析，市场营销调研方法选择的优劣直接影响到调研结果的质量与效果，而每一种市场营销调研的方法都有其自己的优势与局限性。在实际研究过程中，一般以一种方法为主，同时辅以其他方法，以取得更好的效果。

（四）农业生产资料企业市场预测

1. 农业生产资料企业市场预测的概念

企业重视的是未来，把握未来就必须对未来有一个估计和推测，这就是预测。因此，市场预测对企业发展非常重要。

市场预测是在市场调研和市场分析的基础上，运用逻辑和数学方法，对市场需求和企业需求以及影响市场需求变化的诸因素进行分析研究，预先对市场未来的发展变化趋势做出判断和推测，为企业制定正确的市场营销决策提供依据。简而言之，市场营销预测是根据市场调研的资料对市场供求未来发展趋势的评估和测算。

2. 农业生产资料企业市场预测的内容

市场预测的内容十分丰富，包括市场需求预测、市场供给预测、市场物价与竞争形势预测等。

（1）市场需求预测 如市场潜量预测和企业潜量预测。市场潜量是从行业的角度考虑某一产品的市场需求的极限值，企业潜量则是从企业角度考虑某一产品在市场上所占的最大的市场份额。市场潜量和企业潜量的预测是企业制定营销决策的前提，也是进行市场预测和企业销售预测的基础。农业生产资料市场预测是通过对国民经济发展方向、发展重点的研究，综合分析预测期内农业生产资料行业生产技术、产品结构的调整，预测农业生产资料产品的需求结构、数量及其变化趋势。

（2）市场供给预测　对生产发展及其变化趋势的预测，这是对市场中商品供给量及其变化趋势的预测。

（3）市场物价预测　企业生产中投入品的价格和产品的销售价格直接关系到企业盈利水平。在商品价格的预测中，要充分研究劳动生产率、生产成本、利润的变化，市场供求关系的发展趋势，货币价值和货币流通量变化以及国家经济政策对商品价格的影响。

（4）竞争形势预测　通过对各种环境因素如国家财政开支、进出口贸易、通货膨胀、失业状况、企业投资及消费者支出等因素的分析，对国民总产值和有关的总量指标的预测。

（五）农业生产资料企业市场预测的原则和程序

1. 农业生产资料企业市场预测的原则

实事求是原则、连贯性原则、概率推断原则、相关性原则。

2. 农业生产资料企业市场预测的程序

（1）确定预测目标，拟定预测计划　由于预测的目标、对象、期限不同，预测所采用的分析方法、资料数据搜集的要求也就不同。因此，市场预测首先要明确预测的目标，即预测要达到什么要求，解决什么问题，预测的对象是什么，预测的范围、时间等。预测计划是预测目标的具体化，它具体地规定预测的精度要求、工作日程、参加人员及分工等。

（2）搜集和分析资料　预测要广泛搜集与预测目标有关的一切资料，所搜集的资料必须满足针对性、真实性和可比性的要求。同时，对资料要进行整理和分析，剔除一些随机事件造成的资料不真实，对不具备可比性的资料要进行调整，以避免因资料本身的原因对预测结果所带来的误差。

（3）选择预测方法，建立预测模型　预测方法的选择要服从预测目的、占有资料的数量和可靠程度、精确度要求以及预测费用的预算。在定量预测方法的选择中，可通过对数据变化趋势的分析，建立起与历史资料吻合的预测模型。

（4）确定预测值，提出预测报告　预测误差是不可避免的。为了避免预测误差过大，要对预测值的可信度进行估计，即分析各种因素的变化对预测可能发生的影响，并对预测结果进行必要的修订和调整，最后确定出预测值，写出预测报告和策略性建议。

（六）农业生产资料企业市场预测的方法

市场预测的方法很多，一些复杂的方法涉及许多专门的技术。对于企业营销管理人员来说，应该了解和掌握的企业预测方法主要有：

1. 定性预测法

专家意见法、专家会议法、专家小组法（德尔菲法）经验判断法、顾客意见法。

2. 定量预测方法

定量预测是利用比较完备的历史资料，运用数学模型和计量方法，来预测未来的市场需求。在所掌握的历史统计资料较为全面系统、准确可靠的情况下采用，能够准确地测算市场未来的发展趋势，为经营决策提供确切的科学依据。优点是受主观因素影响较少，偏重于数量方面的分析，重视市场变化的程度。其缺点是涉及统计计算，较为繁琐，不易灵活掌握，难以预测市场质的变化，单纯量的分析会忽视非量的因素。常用的定量预测法有算术平均法、加权移动平均法。

第二章　农资营销员创业准备

农资营销员的任务是向农村农资农家店和农户供应农业生产资料。无论是向农村农资店供应农业生产资料,还是向农户供应农业生产资料;无论是从农业部门本身采购来的农业生产资料,还是从工业部门采购来的农业生产资料,都要有自己的门店,向消费者销售。要开店就要有一个周密的计划,做好准备工作。创建门店大致可以分成两种:一种是受委托开自己的门店(无营业执照,是受权委托销售);创建自己真正的门店,包括筹措资金、选择行业、选址、办理经营执照等。

一、农资店申请注册

要创建农资店,首要进行农资店的登记设立,唯有通过登记注册农资店的法定程序,店铺才是合法的,也才能宣告正式成立,进行正常的法律所允许的经营、管理活动。

农资店工商登记是农资营销员依照有关法律、行政规章的规定,履行登记注册手续,经工商行政管理机关核准登记发照,取得法人资格或营业资格的过程;是工商行政管理机关对农资店的筹建、开业、变更、分立、歇业及其经营活动进行监督管理的过程。

(一) 农资店登记申请

登记申请首先应当具备如下条件。

①有符合规定的名称章程。

②有国家授予的农资店经营管理的财产或者农资店所有的财产,并能够以其财产独立承担民事责任。

③有与生产经营规模相适应的经营管理机构、财务核算机构。

④有必要的与经营范围相适应的经营场所和设施。

⑤有与生产经营规模和业务相适应的从业人员。

⑥有健全的财会制度，能够实行独立核算，自负盈亏制资金平衡表或资产负债表。

⑦有符合规定数额并与经营范围相适应的注册资金。其中，生产性公司的注册资金不得少于30万元；以批发业务为主的商业性公司不得少于50万元；以零售业务为主的商业性公司不得少于30万元；咨询服务性公司不得少于10万元；其他农资店法人的注册资金不得少于3万元。国家对农资店注册资金数额有专项规定的按规定执行。

⑧有符合国家法律、行政法规和政策规定的经营范围。

⑨法律、行政法规规定的其他条件。

然后，农资营销员应当向工商行政机关提交下列文件、证件，以待其进行审核。

①组建负责人签署的登记申请书。

②主管部门或者审批机关的批准文件。

③农资店章程，应经主管部门审查同意。

④资金信用证明、验资证明或者资金担保。

⑤农资店主要负责人的身份证明，包括身份证、附照片的个人简历（由人事关系所在单位或者乡、镇、街道出具）。

⑥住所和经营场所使用证明，包括产权证明、租赁期一年以上的房屋租赁协议。

⑦其他有关文件、证件。

（二）农资店登记注册

农资店登记注册，确认农资店的法人资格或营业资格，是行使国家管理经济职能的一项行政监督管理制度。它在农资店进行登记申请、由工商行政机构进行审核批准后进行，是对农资店法人资格依法确认的具体反映，是农资店合法经营的依据，它具有法律效力，农资店在核定的登记注册事项的范围内从事生产经营，依法享有民事权利，承担民事义务，受到法律保护。它分为农资店法人登记注册事项与农资店营业登记注册事项。

农资店法人登记事项主要有：名称、住所、经营场所、法定代表人、经济性质、经营范围、经营方式、注册资金、从业人数、经营期限、分文机构等。

营业登记注册的事项则主要有：名称、地址、负责人、经营范围、经营方式、经济性质、隶属关系、资金数额等。

（三）税务登记的程序

税务登记，也叫纳税登记。它是税务机关对纳税人的开业、变动、歇业以及生产经营范围变化实行法定登记的一项管理制度。

几经国家工商行政管理部门批准，从事生产、经营的公司等纳税人，都必须自领取营业执照之日起 30 日内，向税务机关申报办理税务登记。

从事生产、经营的公司等纳税人应在规定时间内，向税务机关提出申请办理税务登记的书面报告，如实填写税务登记表。税务登记表的主要内容包括：农资店或单位名称，法定代表人或业主姓名及其居民身份证、护照或其他合法入境证件号码，纳税人住所和经营地点；经济性质或经济类型、核算方式、机构情况、隶属关系，其中，核算方式一般有独立核算、联营和分支机构 3 种；生产经营范围与方式；注册资金、投资总额、开户银行及账号；生产经营期限、从业人数、营业执照号及执照有效期限和发照日期；财务负责人，办税人员；记账本位币、结算方式、会计年度及境外机关的名称、地址、业务范围及其他有关事项；总机构名称、地址、法定代表人、主要业务范围、财务负责人；其他有关事项。

农资营销员作为纳税人在填报税务登记表时，应携带下列有关证件或资料：营业执照；有关合同、章程、协议书、项目建议书；银行账号证明；居民身份证、护照或其他法人入境证件；税务机关要求提供的其他有关证件的资料。

农资营销员办理税务登记的程序是：先由农资店经营者主动向所在地税务机关提出申请登记报告，并出示工商行政管理部门核发填写有关内容。税务登记表一式三份：一份由公司等法人留存，两份报所在地税务机关。税务机关对公司等纳税人的申请登记报告、税务登记表、工商营业执照及有关证件审核后予以登记，并发给税务登记证。

税务登记证是农资营销员向国家履行纳税义务的法律证明，应妥善保管，并挂在经营场所明显易见处，亮证经营。税务登记只限农资店经营者自用，不得涂改、转借或转让，如果发生意外毁损或丢失时，应及时向原核发税务机关报告，申请补发新证，经税务机关核实情况后，给予补发。

附：创业必备法律知识

1. 个体工商户可从事的行业

根据国务院 1987 年颁发的《城乡个体工商户管理暂行条例》及国家工商行政管理局颁发的《城乡个体工商户管理暂行条例实施细则》的规定，个体工商户可以从事如下行业的经营。

①工业、手工业是指从事自然淘汰开采和商品的生产、制造、加工、矿产开采以及生产设备、工具维修业等。

②建筑业是指从事土木建筑、设备安装和建筑设计、房屋修缮业等。

③交通运输业是指从事公路、水上客货运输，装卸搬运等。

④商业是指从事商品收购、销售、贩运、贮存业等。

⑤饮食业是指从事饭馆、菜馆、冷饮馆、酒馆、切面铺等。

⑥服务业是指从事理发、照相、浴池、洗染、旅店、刻字、体育、娱乐、信息传播、科技交流、咨询服务业等。

⑦修理业是指从事钟表、自行车、缝纫机、收音机、电视

机、黑白铁及其他杂品修理业等。

⑧其他行业是指国家法律和政策允许个体工商户经营的其他行业。对国家规定经营者需要具备特定条件或需经行业主管部门批准的，应当在申请登记时提交有关批准文件，如：申请从事机动车船客货运输的，应出具车船牌照、驾驶执照、保险凭证；申请从事饮食业、食品加工和销售业的，应出具食品卫生监督机关核发的证明；申请从事资源开采、工程设计、建筑修缮、制造和修理简易计量器具、药品销售、烟草销售等的，应提交有关部门批准文件或者资格证明；申请从事旅店业、刻字业、信托寄卖业、印刷业的，应提交所在地公安机关的审查同意证明。

2. 不允许个体工商户从事生产经营的行业和商品

国家明令禁止个体工商户生产经营的行业主要有：军工业；严重污染城乡生态环境的行业，如电镀、漂染等；重要生产资料和紧俏耐用消费品的供应、批发业务；黄金的开采、选冶、加工、收购、销售；设立银行或其他金融机构；烤烟、名烟晒烤的收购、复烤；卷烟、雪茄烟的生产、收购、批发，手工卷烟生产；精神药品、毒性药品、放射性药品、麻醉药品的生产和经营；剧毒化学危险品的生产和经营，民用爆炸品的生产和经营，烟花爆竹生产，农药、化学试剂生产；茶叶精制加工；贵重、稀缺、特优矿产开采；汽车拼装；文物收购、销售；珍贵稀有动物的收购、销售等。

国家明令禁止个体工商户经营的商品主要有：珍珠、化肥、农药、农膜、蚕茧、进口旧服装、短缺钢材、棉花、猎枪、气枪、小轿车、松香、内部发行图书以及国家实行指令性计划管理的商品等。

3. 个体工商户的权利

（1）财产所有权和合法收入占有权 我国宪法规定："国家保护公民的合法的收入、储蓄、房屋和其他合法财产的所有权。"国务院明确规定："国家保护个体经营户的正当经营、合法权益和资产。"

（2）生产经营权　个体工商户有在法律允许的范围内自主生产经营的权利。

（3）商标权个体工商户对自己的生产产品有使用商标的权利，有申请注册商标的权利，可以在法律规定的范围内出卖、转让已注册的商标。

（4）签订合同权　个体工商户在经济活动中有和其他组织、单位、个体签订合同的权利。

（5）字号名称权个体工商户可以起字号名称，可以在法律规定的范围内转让、出卖字号名称。

（6）名誉权个体工商户对根据自己的经营作风、产品质量、服务质量、技术才干、职业道德形成的有关经营素质、品德、信誉的社会评价有不可侵犯的权利。

（7）有维护自身合法权益的权利　有抵制不合法的摊派、收费，为保护自身的合法权益而向法院提出诉讼的权利。

4. 个体工商户的义务

①在法律规定范围内守法经营的义务。

②依法纳税的义务。

③履行合同的义务。

④按照国家规定交纳费用的义务。

⑤维护消费者利益的义务。

⑥有服从国家管理的义务。

（四）农资市场管理办法

①为了加强农业生产资料（以下简称农资）市场管理，规范农资市场经营行为，保护经营者和消费者，特别是维护农民的合法权益，保障粮食生产，促进农村改革发展，根据《中华人民共和国产品质量法》《中华人民共和国种子法》《中华人民共和国农业机械化促进法》《中华人民共和国农药管理条例》等有关法律、法规，制定本办法。

②在中华人民共和国境内的农资经营者和农资交易市场开办者，应当遵守本办法。

③本办法所称农资，是指种子、农药、肥料、农业机械及零配件、农用薄膜等与农业生产密切相关的农业投入品。本办法所称农资经营者，是指从事农资经营的自然人、企业法人和其他经济组织。

④工商行政管理部门负责农资市场的监督管理，依法履行下列职责。

a. 依法监督检查辖区内农资经营者的经营行为，对违法行为进行查处；

b. 依法监督检查辖区内农资的质量，对不合格的农资进行查处；

c. 依法受理并处理辖区内农资消费者的申诉和举报；

d. 依法履行其他农资市场监督管理职责。

⑤农资经营者和农资交易市场开办者，应当依法向工商行政管理部门申请办理登记，领取营业执照后，方可从事经营活动。

法律、行政法规或者国务院决定规定设立农资经营者和农资交易市场开办者须经批准的，或者申请登记的经营范围中属于法律、行政法规或者国务院决定规定在登记前须经批准的项目的，应当在申请登记前，报经国家有关部门批准，并在登记注册时提交有关批准文件。

⑥申请从事化肥经营的企业、个体工商户、农民专业合作社，可以直接向工商行政管理部门申请办理登记。企业从事化肥连锁经营的，可以持企业总部的连锁经营相关文件和登记材料，直接到门店所在地工商行政管理部门申请办理登记。

申请从事化肥经营的企业、个体工商户应当有相应的住所、经营场所；企业注册资本（金）、个体工商户的资金数额不得少于 3 万元人民币。申请在省域范围内设立分支机构、从事化肥经营的企业，企业总部的注册资本（金）不得少于 1 000 万元人民币；申请跨省域设立分支机构、从事化肥经营的企业，企业总部的注册资本（金）不得少于3 000万元人民币。

专门经营不再分装的包装种子的，或者受具有种子经营许可证的种子经营者的书面委托为其代销种子的，或者种子经营者按照经营许可证规定的有效区域设立分支机构的，可以直接向工商行政管理部门申请办理登记。

⑦农民专业合作社向其成员销售农资的，可以不办理营业执照。

农民个人自繁、自用的常规种子有剩余的，可以在集贸市场上出售、串换，可以不办理种子经营许可证和营业执照。

⑧农资经营者应当依法从事经营活动，并接受工商行政管理部门的监督管理，不得从事下列经营活动。

a. 依法应当取得营业执照而未取得营业执照或者超出核准的经营范围和期限从事农资经营活动的；

b. 经营国家明令禁止、过期、失效、变质以及其他不合格农资的；

c. 经营标签标识标注内容不符合国家标准，伪造、涂改国家标准规定的标签标识标注内容，侵犯他人注册商标专用权，假冒知名商品特有的名称、包装、装潢或者使用与之近似的名称、包装、装潢的农资的；

d. 利用广告、说明书、标签或者包装标识等形式对农资的质量、制作成分、性能、用途、生产者、适用范围、有效期限和产地等作引人误解的虚假宣传的；

e. 其他违反法律、法规规定的行为。

⑨农资经营者应当对其经营的农资的产品质量负责，建立健全内部产品质量管理制度，承担以下责任和义务。

a. 农资经营者应当建立健全进货索证索票制度，在进货时应当查验供货商的经营资格，验明产品合格证明和产品标识，并按照同种农资进货批次向供货商索要具备法定资质的质量检验机构出具的检验报告原件或者由供货商签字、盖章的检验报告复印件，以及产品销售发票或者其他销售凭证等相关票证；

b. 农资经营者应当建立进货台账，如实记录产品名称、规格、数量、供货商及其联系方式、进货时间等内容。从事批发业务的，应当建立产品销售台账，如实记录批发的产品品种、规格、数量、流向等内容。进货台账和销售台账，保存期限不得少于2年；

c. 农资经营者应当向消费者提供销售凭证，按照国家法律、法规规定或者与消费者的约定，承担修理、更换、退货等三包责任和赔偿损失等农资的产品质量责任；

d. 农资经营者发现其提供的农资存在严重缺陷，可能对农业生产、人身健康、生命财产安全造成危害的，应当立即停止销售该农资，通知生产企业或者供货商，及时向监管部门报告和告知消费者，采取有效措施，及时追回不合格的农资。已经使用的，要明确告知消费者真实情况和应当采取的补救措施；

e. 配合工商行政管理部门的监督管理工作；

f. 法律、法规规定的其他义务。

⑩农资交易市场开办者应当遵守相关法律、法规，建立并落实农资的产品质量管理制度和责任制度，承担以下责任和义务。

a. 审查入场经营者的经营资格，对无证无照的，不允许其在市场内经营；

b. 明确告知入场经营者对农资的质量管理责任，以书面形式约定入场经营者建立进货查验、索证索票、进销货台账、质量承诺、不合格产品下架、退市制度，对种子经营者还应当要求其建立种子经营档案；

c. 建立消费者投诉处理制度，配合有关部门处理消费纠纷；

d. 配合工商行政管理部门的监督管理，发现经营者有本办法第八条所禁止行为的，应当及时制止并报告工商行政管理部门；

e. 法律、法规规定的其他义务。

⑪工商行政管理部门应当建立下列制度，对农资市场实施监督管理：

a. 实行农资经营者信用分类监管制度；

b. 按照属地管理原则，实行农资市场巡查制度；

c. 实行农资市场监管预警制度，根据市场巡查、消费者申诉、举报和查处违法行为记录等情况，向社会公布农资市场监管动态信息，及时发布消费警示；

d. 建立12315消费者申诉举报网络，及时受理和处理农资消费者咨询、申诉和举报。

⑫工商行政管理部门监督管理农资市场，依据《中华人民共和国行政处罚法》《中华人民共和国产品质量法》《中华人民共和国反不正当竞争法》《中华人民共和国无照经营查处取缔办法》等法律、法规的有关规定，可以行使下列职权。

a. 责令停止相关活动；

b. 向有关的单位和个人调查、了解有关情况；

c. 进入农资经营场所，实施现场检查；

d. 查阅、复制、查封、扣押有关的合同、票据、账簿等资料；

e. 查封、扣押有证据表明危害人体健康和人身、财产安全的或者有其他严重质量问题的农资，以及直接用于销售该农资的原材料、包装物、工具；

f. 法律、法规规定的其他职权。

⑬工商行政管理部门应当建立农资市场监管工作责任制度和责任追究制度。工商行政管理部门工作人员不依法履行职责，损害农资经营者、消费者的合法权益的，依法给予行政处分；构成犯罪的，依法追究刑事责任。

⑭农资经营者违反本办法第九条规定，由工商行政管理部门责令改正，处1 000元以上1万元以下的罚款。

⑮农资交易市场开办者违反本办法第十条规定，由工商行政管理部门责令改正，处 1 000 元以上 1 万元以下罚款。

⑯违反本办法规定，现行法律、法规和规章有明确规定的，从其规定。

⑰本办法由国家工商行政管理总局负责解释，本办法自 2009 年 11 月 1 日起实施。

二、农资店经管目标的确定

按规范农资经营的具体要求，因地制宜，结合当地实际，根据各地农业生产中生产资料的需求，选择两项以上的主要经营项目。

（一）种植业目标的确定

种植业相对集中区域选择种子、肥料、农药等为主要经营项目。同时，也要依据主栽作物的不同，经营品种有所差异。

1. 大田作物区

以粮、棉、油作物为主的种子、种苗的经营。同时，围绕粮、棉、油作物，经营肥料、农药的品种。

2. 蔬菜作物区

以保护地和露地蔬菜作物为主的种子、种苗、肥料、农药品种的经营。

3. 果树区

以干果、鲜果为主的种子、种苗、肥料、农药品种的经营。

4. 茶树区

以茶树为主的种子、种苗、肥料、农药品种的经营。

（二）养殖业目标的确定

畜牧业相对集中地区，选择种畜、种禽、饲料、兽药等经营项目。因养殖的畜禽不同，经营品种又有大的差异。

1. 食粮性畜禽地区

主要包括猪、鸡饲养。主要经营种猪、仔猪、种蛋、鸡苗。以及围绕猪、鸡饲养的饲料品种，包括预混料、浓缩料、全价料的经营。与此同时，要搞好猪、鸡饲养的疾病预防及防治药物的经营。

2. 食草牲畜禽地区

主要包括牛、羊、兔的饲养。主要经营小牛、小羊、小兔等，以及围绕牛、羊、兔饲养的饲料、饲草品种。与此同时，要搞好牛、羊、兔的疾病预防及治疗药物的经营。在有机奶生产的地区，还要有中草药等品种的经营。

在农牧混合地区的农资店经营项目，一定要兼顾种植和养殖两方面种子、种苗和饲料、饲草的品种经营，以及家畜、家禽疾病预防及防治药物的品种经营。

另外，林业地区和水产地区则根据林业和水产的特点，比照上述内容安排经营项目和经营品种。

三、创店的前期准备

（一）心理准备

全身心投入创店做生意之前，必须充分做好心理上的准备：要做好迎接困难和挑战的心理。农资营销员要时刻牢记创店是属于自己的事业。开店创业是人生的一个大决定，它意味着将过一种与普通人不太一样的生活，要面临困难和机遇并存的局面，要调整好自己的心态，如果心理上没有准备，真的干起来，会很不适应。要正确面对风险。农资营销员要认识到：做生意的出发点是为了赚钱，但风险却是与赚钱并存的。风险并不可怕，只要心态保持冷静，做事有依据，未雨绸缪，就可以将风险控制在最小的范围。一个人如果什么风险都不敢冒，那就成不了大器；但如果盲目冒险，那又是莽夫所为。开农资店之前在心理上确认风险，才能在面对风险的时候，做到有勇有谋。要有积极向上的心态。"一个人的人生态度决定了人生的高度"。态度是一种重要的影响力量。创业赚钱的过程从来都不会一帆风顺，只有在心态上保持积极的状态，才会在面临困难时不萎缩，坚强自信，跨越障碍。

要强化自我形象，必须做好充分的心理准备，100%地相信自己是最好的。这样可以扫除可能产生的任何障碍，从而拥有一个成功的自我形象。有了这种心理准备，拥有成功的形象，才有可能创出一番大事业。没有充分的准备，那就有可能失败。要从内心觉得自己很舒服很自在，就自然而然地散发出一股成功者风采。这是一个成功者的心理准备的重要标准。

事实证明，成功者气质发展是一份内外兼修的力量。属于"内"这方面的技巧会努力经营他的内在本质，进而由内向外发散，影响周边的人。如何增加自己精神上和情绪上的能量，以便让自我更加提升，所有成功者的气质，皆来自于自我核心本质需求的强烈的外散。

（二）筹集资金

资金是农资店运行的血液。日本创业家中田修说：有钱谁都会创业，关键在于没钱怎么创业。在筹到开店所需要的资金之前，要做一个详细的资金预算表。

1. 资金预算

开商店之前，需要制作资金预算方案。资金预备方案的内容包括：共需要多少资金？这些资金用到哪些地方？自己可运用的资金有多少？开店总费用减去自己的资金，不足额为多少？不足额的部分，是否有借贷来源？自己的偿还借款计划，是否有能力按规定还债？

一个详细准确的资金预算方案是准备开店资金的重要文件，有了它才能对资金来源和去向做到心中有数。

2. 靠自己积蓄

农资营销员创店需要充足的开办经费和周转资金，以免在开办初期因各种不可预测的因素造成周转不灵，影响生意。这笔资金可以是你多年辛苦积蓄或由亲朋好友凑集。然而，营销员自己拥有越多，可能借到的也就越多，人们总是认为把10块钱借给一个拥有10块钱的人比借给一个只有一块钱的人更有偿还保障。

营销员积累的资金不要全部投入，以免店破产蒙受巨大损失，甚至难以糊口。因此开店时不要盲目追求规模，以免投资过大而生意不景气。小店的收入较少，风险性也较小。农资营销员可以在开小店的过程中逐渐摸索经营规律和积累经验，为日后的发展做准备。小店虽赢利不大，但把生意做活了，日积月累，资金也逐渐积累起来了。但如果资金很少，连开小店都还不够，就可以寻找合伙人共同开店。

3. 合伙经营

假如开设一个大的农资店铺，前期投入的资金较多，营销员又无法通过赢利来周转，可以选择1～2个可靠的合伙人来共同经营，便可解决资金方面的问题。但合伙经营往往易产生各种各样的纠纷，故选择合伙者应当十分慎重。

农资营销员在选择合伙人员时，要注意每一个成员对店铺及其前景的看法是否一致，对于勉强加入的成员，要适时地加以疏通，避免埋下失败的种子，切忌出现向不同方向用力拉车的人。

4. 股份经营

股份制亦称"股份经济"是指以入股方式把分散的，属于不同人所有的生产要素集中起来，统一使用，合理经营，自负盈亏，按股分红的一种经济组织形式。可以有不同入股方式：资金股、技术股、管理股等。能过股份制可以把筹集相应的资金，来开办规模较大的农资集团联盟。

5. 精打细算

精打细算，减少开业初期投资。开店铺要赚钱，就必须精打细算。

(1) 明确岗位，精简人员　由于农资店利润有限，人员就必须精简。顾客少于店员、台上多于台下，是店铺经营的失败。有些小店在开业初期，老板经常身兼数职，从招呼客人到进货卖货，从商品陈列到清洁打扫等，样样都自己动手。有些农资小店，即使在开业初，老板一个人是无论如何也照顾不过来的。那么，农资店老板如何雇人、如何充分利用每个人，就显得非常重要了，即使以后农资店规模扩大了，人员增多了，也要尽量做到人尽其才，让每个店员最大限度地发挥其特长和作用，这是降低成本的有效方法。

(2) 加强核算准备　农资店再小，也要记账、算账、结账。要聘请会计人员、出纳人员，规定财务制度。做好加强经营成本核算的准备。

6. 申请银行贷款

银行对创业者不是很相信的，就算是自负盈亏的商业银行也一样。在他们看来，创业者除了有一个方案以外，一无所有，而且这个方案又很可能只是一个梦想而已。即使这样，创业者也应该尝试，取得银行人员的信任。

(1) 向银行交贷款申请和详细计划　除了交上贷款申请以外，农资营销员要准备一份详细的方案，并和银行工作人员多进行沟通，使其对你所从事的事情感兴趣，并愿意按你的思路思考下去，最终得出赢利的结论。在此，要充分地为对方着想，从风险到还款日期、利率，不能把银行工作人员看成想利用的一方，而应看成是共同完成事业的真诚伙伴。这种方式，是以农资营销员的信用为基础的，培养自己的信用，是创业者可以发挥长处的地方。

(2) 向银行提交担保　农资营销员另外取得银行信任的方法是担保。这种担保可以是个人财产的抵押，也可以是其他单位做担保人。很明显，创业者个人财产为数不多，抵押贷来的资金量不大，一般可用于短期的资金周转。而第三者做担保人往往是一种经济行为，这除非有一定的关系和信用保障才能做到，因为担保本身是一件带风险的事情。即使在取得成功后，也应谨慎，因为它带来的后果经常令人心痛。

（3）搞活公共关系 除了上述两项必须做以外，还要搞好沟通，相互交流，相互了解，在创店前就得到银行的支持。

7. 租赁筹资

租赁是一种有效的筹资方式。农资营销员在资金没有达到一定规模的时候，采用租赁的方式获得必备的店面、设备，无疑会加快赚钱的步伐。当然，也要向租赁公司提供像样的保证，最低限度使租金有所保障。用不太多的资金去拥有开店所需资本的做法相当可取。租赁的优点大于缺点，它无须筹措大笔资金，便于更换或添置设备，能100%利用资金。

（三）农资店的选址

适当的农资店店址对农资销售有举足轻重的影响，通常店址被视为商店的3个主要资源之一，有人甚至以"位置，位置，再位置"来着力强调。农资店的位置决定了店铺顾客的多少，同时也就决定了创店销售额的高低，由此可知，店址确实是一种资源。农资店店址的选受以下几个因素影响。

1. 投资额

农资店投资额较大且时期较长，关系着农资店铺的发展前途。农资店的店址不管是租借的还是购买的，一经确定，就需要大量的资金投入；营建店铺，当外部环境发生变化时，它不可以像人、财、物等经营要素可以做相应调整。因此，必须深入调查，周密考虑，妥善规划，以做出较好的选择。

（1）经营目标和经营策略制定的重要依据 确定农资店地址，是经营目标和经营策略制定的重要依据。不同的地区，在社会地理环境、人口交通状况、市政规划等都有自己的特征，它们分别制约着农资店顾客的来源、特点，也制约着农资店对经营的商品、价格、促进销售活动的选择。所以，农资营销员在确定经营目标和制定经营策略时，必须要考虑店址所在地区的特点，使得目标与策略都制定的比较现实。

（2）影响农资店经济效益的一个重要因素　实践证明，农资店店址选择得当，就意味着其享有优越的地理优势。在同业商店之中，如果在规模相当、商品构成、经营服务水平基本相同的情况下，则会显现出较大的优势。

（3）便利　农资店店址选择得当，能够便利顾客。因为能节省顾客时间、费用，最大限度满足顾客的需要。否则会失去顾客的依赖、支持和光顾，农资店也就失去存在的基础。当然，这里所说的便利顾客不是简单地理解为农资店店址最接近顾客，还要考虑到大多数顾客的需求特点和购买习惯，在符合市政规划的前提下，力求为顾客提供广泛选择的机会，使其购买到最满意的商品。

2. 区域位置选择

农资店店址区域位置选择，指的是农资店应选择设在哪一个区域最有利。绝大多数农资店都将店址选择在商业中心、交通要道和交通枢纽、居民住宅区附近，从而形成了以下3种类型的商业群。

（1）中央商业区　这是最主要的、最繁华的商业区，主要大街贯穿其间，云集着许多著名的百货商店和各种大饭店、影剧院和写字楼等现代设施。

（2）交通要道和交通枢纽的商业街　它是次要的商业街。这些地点是各种人流必经之处，在节假日、上下班时间人流如潮，店址选择在此处大大方便了过往人群。

（3）居民区商业街和边缘区商业中心　居民区商业街的顾客，主要是附近居民，在这些地点设置商店是为方便附近居民就近购买日用百货、杂品等。边缘区商业中心往往坐落在铁路重要车站附近，规模一般都不太大。

就一个具体的店铺，在选择时应充分考虑顾客对不同商品的需求特点及购买规律，而顾客对商品的需求一般可分为 4 种类型，这里结合区域位置选择具体阐述如下。

日常生活必需品：这类商品周期性大，价格较低，购买频繁，顾客购买时力求方便，希望时间、路程耗费尽可能少，所以，经营这类商品的店铺应最大限度地接近顾客居住区。

周期性需求商品：顾客是定期购买该类商品，而且一般要经过广泛比较，因此，经营这类商品的商店通常设在商业较为发达的地区。

耐用消费品及特殊性需求商品：耐用消费品多为顾客一次购买长期使用，购买频率低，这种店铺的商圈范围要求更大，应设在客流更为集中的中心商业区或专业性的商业街道，以吸引尽可能多的潜在顾客。

农业生产资料商品：应符合农业农资店、农户的需要。店址以建在城市郊区或县、乡政府所在地为宜。

3. 店址的地点选择

农资店店址选择与区域位置选择不同的地方，在于同一区域中，店铺往往可以有几个地点可以选择，因此，店铺还应在充分考虑到各种有关因素后，选择适当的地点。

（1）房租 房租是最固定的营运成本，尤其在寸土寸金的大城市，房租往往是开店的一大成本。有些商品周转迅速、体积小占空间小的商店，可以位于高租金区；而需要较大空间的农用物资店，最好设置在低租金区，如城市郊区。租约有固定价格及百分比两种，前者租金固定不变；后者租金较低，但房东分享总收入中一定的百分比，类似以店面来投资作股东。对于初次创业者来说，最划算的方式是签订一年或两年租期，以备是否有更好的选择。

（2）交通因素 ①店址的停车设施。确定规模合适的停车场应该根据以下各种因素来确定：商店大小、规模、其他停车设施、非购买者停车的多少和不同时间的停车量。②店址附近的交通状况。需要考虑店址是否接近主要公路，商品运至商店是否方便，交货是否方便等，在一些大城市里有许多大街（通常在白天）禁止货车通行。③交通的细节问题。设在边缘区商业中心的商店要分析与车站、码头的距离和方向，通常距离越近，客流越多。④开设地点还要考虑客流来去方向而定，如选在面向车站的位置，以下车的客流为主；选在邻近市内公车站的位置，则以上车的客流为主。还要分析市场交通管制所引起的利弊，比如：单行线街道、禁止车辆通行街道以及与人行横道距离较远，都会造成客流量的不足。

（3）客流因素　客流量大小是一个店铺成功的关键因素。客流包括现有客流和潜在客流，通常店址总是力图选在潜在客流最多、最集中的地点，以便于多数人就近购买商品，但对农资销售仍应从方便农业劳动者购买和农户使用角度考虑。

①客流类型：一般店客流有 3 种类型，即自身的客流，是指那些专门为购买某商品的来店顾客所形成的客流；分享客流，指一家店铺从邻近商店形成的客流中获得；派生客流，是指那些顺路进店的顾客所形成的客流，这些顾客只是随意来店购物。

②客流目的、速度和滞留时间：不同地区客流规模虽可能相同，但其目的、速度、滞留时间各不相同，要作具体分析，再做最佳地址选择。

③街道特点：选择店铺开设地点还要分析街道特点与客流规模的关系。十字路口客流集中，可见度高，是最佳开设地点。有些街道由于两端的交通条件不同或通向地区不同，客流主要来自街道的一端，表现为一端客流集中、纵深处逐渐减少的特征，这时候店址宜设在客流集中一端。而有些街道中间地段客流规模较大，相应中间地段的店铺就更能吸引潜在顾客。

（4）竞争因素　店周围的竞争情况对经营的成败产生巨大影响，因此，在选择店铺开设地点时必须分析竞争形势。一般来说，在开设地点附近如果竞争对手众多，商店经营独具特色，将会吸引大量的客流，促进销售增长；否则与竞争店相邻而居，将无法打开销售局面。

尽管如此，作为店的地点还是尽量选择在商店相对集中且有发展前景的地方，经营选购性商品的商店应特别关注这一点。而且当店址周围的商店类型协调并存、形成相关商店群时，往往会对经营产生积极影响，如经营相互补充类商品的商店相邻而设，在方便顾客的基础上，则会扩大各自的销售，也就是有了好处大家一起得。

4. 选址技巧

最理想的店址应当具备以下 6 个特征，一般至少也要拥有 2 个，若是全部拥有那就真可谓是黄金宝地了。

（1）高频度商业活动区　在闹市区，商业活动极为频繁，把店设在这样的地区营业额必然高，这样的店址就是"寸土寸金"之地。相反，如果在客流量较小的地方设店，营业额就很难提高。

（2）高密度人口聚集区　居民聚居、人口集中的地方是适宜建店的地方。在人口集中的地方，人们有着各种各样的对于商品的大量需要。如果店能开设在这样的地方，致力于满足人们的需要，那肯定会生意兴隆，收入通常也比较稳定。

（3）面向客流量多的街道　店铺处在客流量最大的街道上，可使多数人购物都较为方便。

（4）交通便利的地区　比如：在旅客上车、下车最多的车站，或者在几个主要车站的附近，也可以在顾客步行距离很近的街道设店。

（5）接近人们聚集的场所　比如：电影院、公园、游乐场、舞厅等娱乐场所，或者大工厂、机关的附近。

（6）行业聚集区　大量事实证明，对于那些经营选购品、耐用品的商店来说，若集中在某一个地段或街区，则更能招揽顾客。从顾客的角度来看，店面众多表示货品齐全，可比较参考，选择范围广，是有心购物时的必然选择。所以，农资营销员不要害怕竞争，同业愈多，人气愈旺，业绩就愈好，因此，店面也就会愈来愈多。许多城市已形成了各种专业街，许多精明的顾客为了货比三家，往往不惜跑远路也要到专业购物街。

以下地点不适合选址开店：①高速车道边。随着城市建设发展，高速公路越来越多。但由于快速通车的要求，高速公路一侧有隔离设施，两边无法穿越，公路旁也较少有停车设施。②周围居民少或商业网点已基本配齐的区域。因为在缺乏流动人口情况下，有限的固定消费总量不会因新开商店而增加。③高层楼房。因为高层开店，不便顾客购买，同时，高层开店一般广告效果较差，商品补给与提货都多有不便。④近期有拆迁可能的地区。新店局面刚刚打开，就遭遇拆迁，会造成很大投资损失。

当农资营销员资金较少时，只要策略得当也可以等到合适的店面。一般来说，小额资金农资营销员的选店法则有 4 项：选自己居住的地区，选与自己经济上或人事上有关系的地区，选自己希望的区域，选预算范围内的适当地区。前两项选择是运用地缘关系，可以广泛利用既有人际关系拓展业务，打下创业基础；后两项选点前，必须针对当地情况作一定的调查分析，并根据调查结果确定营业内容、定价策略、从事规划、营业时间等。如果一切都符合你的开店条件，那就快点行动。但是也要注意选择店面不可一味贪求房租低廉，能够让你赚到钱的店面才是好店面。

若你非常垂青于黄金地段，而又苦于资金不足时，分租店面的方式说不定能助你一臂之力呢。通常在车水马龙、人气汇集的热闹地段开店，成功的概率较高，可采取分租店面的方式，也就是目前盛行的"复合店面"。在你所中意的地段中找寻合适的伙伴，共用一个店面，不但可以节省房租，而且如果同一屋檐下的两种行业，顾客属性雷同且产品可以互补的话，可以收到相辅相成之效，通常这类商店也不会拒绝。这些复合店的形式相当常见。

四、经营许可证办理

自 2000 年《中华人民共和国种子法》颁布实施以来，我国农作物种子产业发生了重大变化，种子市场主体呈现多元化，农作物品种更新速度加快，有力地推动了农业发展和农民增收。但是，由于我国种子产业仍处在起步阶段，种子管理仍存在体制不顺、队伍不稳、手段落后、监管不力等问题，一些地区种子市场秩序比较混乱，假劣种子坑农害农事件时有发生，损害了农民利益，影响了农业生产安全和农民增收。

2006 年 6 月，《国务院办公厅关于推进种子管理体制改革加强市场收管的意见（国办发［2006340］号)》中强调，严格种子企业市场准入，要求地方各级人民政府按照《中华人民共和国行政许可法》等有关法律的规定，尽快完成清理和修订种子市场准入条件的法规、规章和政策性规定等工作。各级农业行政主管部门和工商行政管理机关要严格按照法定条件办理种子企业证照，加强对种子经营者的管理。同时，要消除影响种子市场公平竞争的制度障碍，促进种子企业公平竞争。

企业欲进入农作物种子生产经营行业，首先要获得农业行政部门的种子经营许可。种子经营者取得种子经营许可证后，方可凭种子经营许可证到工商行政管理机关申请办理营业执照。

（一）种子经营许可证的发放管理机关

主要农作物杂交种子及其亲本种子、常规原种种子的经营许可证，由种子经营者所在地、县级农业行政主管部门审核，省级农业行政主管部门核发。其他种子经营许可证由种子经营者所在地县级以上地方人民政府农业行政于管部门核发。

从事种子进出口业务的种子经营企业的种子经营许可证、从事转基因种子业务的种子经营企业的种了经营许可证、中外合资种子经营企业的种子经营许可证，由注册地省级农业行政主管部门审核，农业部核发；实行育繁推相结合，注册资本金额达到3 000万元的种子经营企业的经营许可证，可以向注册所在地省级农业行政主管部门申请审核，报农业部核发。

（二）申请领取种子经营许可证条件

农作物种子经营许可证实行分级审批发放制度。申请领取农作物种子经营许可证的企业应当具备《种子法》第二十九条规定的条件，对申请不同经营范围的企业，还有注册资金、检验仪器设备、检验人员等其他的具体要求。

（1）申请领取主要农作物杂交种子经营许可证的企业，要达到以下3项要求　①申请注册资本500万元以上；②有能够满足检验需要的检验室，仪器达到一般种子质量检验机构的标准，有2名以上经省级以上农业行政主管部门考核合格的种子检验人员；③有成套的种子加工设备和1名以上种子加工技术人员。

（2）申请领取主要农作物杂交种子以外的种子经营许可证的企业，要达到以下要求　①申请注册资本100万元以上；②有能够满足检验需要的检验室和必要的检验仪器，有1名以上经省级以上农业行政主管部门考核合格的检验人员。

（3）申请领取从事种子进出口业务的种子经营许可证的企业，申请注册资本达到1 000万元以上。

（4）申请领取自选自营种子经营许可证的企业，要达到如下要求　①申请注册资本3 000万元以上；②有育种机构及相应的育种条件；③自有品种的种子销售量占总经营量的50%以上；④有稳定的种子繁育基地；⑤有加工成套设备；⑥检验仪器设备符合部级种子检验机构的标准，有5名以上经省级以上农业行政主管部门考核合格的种子检验人员；⑦有相对稳定的销售网络。

（5）对专门经营不再分装的包装种子的单位或个人，或者受具有种子经营许可证的种子经营者以书面委托代销其种子的可以不办理种子经营许可证。

（三）种子企业农作物种子经营许可制度

农作物种子经营许可证实行分级审批发放制度。主要农作物杂交种子及其亲本种子、常规种原种种子经营许可证，由种子经营者所在地县级农业行政主管部门审核，省级农业行政主管部门核发。其他种子经营许可证由种子经营者所在地县级以上地方人民政府行政主管部门核发。

从事种子进出口业务的公司的种子经营许可证，由注册地省级农业行政主管部门审核，农业部核发；实行选育、生产、经营相结合，注册资本金额达到规定的种子公司的经营许可证，可以向注册所在地省级农业行政主管部门申请审核，报农业部核发。只有获得农作物种子经营许可证才能经营限定范围内的农作物种子。

《中华人民共和国种子法》规定了申请领取种子经营许可证的企业应当具备的条件：①具有与经营种子种类和数量相适应的资金及独立承担民事责任的能力；②具有能够正确识别所经营的种子、检验种子质量、掌握种子贮藏、保管技术的人员；③具有与经营种子的种类、数量相适应的营业场所及加工、包装、贮藏保管设施、检验种子质量的仪器设备；④法律、法规规定的其他条件。

1. 申请种子经营许可证需提交的材料

①农作物种子经营许可证申请表；②种子检验人员、贮藏保管人员、加工技术人员资格证明；③种子检验仪器、加工设备、仓储设施清单、照片及产权证明；④种子经营场所照片。

实行选育、生产、经营相结合，向农业部申请种子经营许可证的，还应向审核机关提交以下材料：

①育种机构、销售网络、繁育基地照片或说明；②自有品种的证明；③育种条件、检验室条件、生产经营情况的说明。

2. 申请办理种子经营许可证的程序

①向审核机关提出申请；②审核机关应在收到申请材料之日

起 30 日内完成审核工作。审核时应当对经营场所、加工仓储设施、检验设施和仪器进行实地考察。对具备本办法规定条件的，签署审核意见，上报审批机关；审核不予通过的，书面通知申请人并说明原因；③审批机关应在收到审核意见之日起 30 日内完成审批工作。对符合条件的，发给种子经营许可证；不符合条件，退回审核机关并说明原因。审核机关应将不予批准的原因书面通知申请人。审批机关认为有必要的，可进行实地审查。

种子经营许可证的有效经营范围、经营方式及有效期限、有效区域等项目由发证机关在其管辖范围内确定。在种子经营许可证有效期限内，许可证注明项目变更的、期满后需申领新证的办理手续同种子经营许可证原申领程序；后一种情况应在期满前 3 个月持原证重新申请。种子经营者按照经营许可证规定的有效区域设立分支机构的，可以不再办理种子经营许可证，但应当在办理或者变更营业执照后 15 日内，向当地农业、林业行政主管部门和原发证机关备案。根据《种子法》第二十九条第二款的规定，具有种子经营许可证的种子经营者书面委托其他单位和个人代销其种子的，应当在其种子经营许可证的有效区域内委托。

种子生产经营企业停止生产经营活动一年以上的，应当将许可证交回发证机关。弄虚作假骗取种子生产许可证和种子经营许可证的，审批机关有权收回，并予以公告。

禁止伪造、变造、买卖、租借种子经营许可证，禁止任何单位和个人无证或者未按照许可证的规定经营种子。

种子经营者应当建立种子经营档案，载明种子来源、加工、贮藏、运输和质量检测各环节的简要说明及责任人、销售去向等内容。一年生农作物种子的经营档案要保存至种子销售后两年，多年生农作物和林木种子经营档案的保存期限由国务院农业、林业行政主管部门规定。

（四）种子生产经营许可证管理

种子生产经营单位停止生产经营活动 1 年以上的，应当将许可证交回发证机关；弄虚作假骗取种子生产许可证和种子经营许可证的，由审批机关收回，并予以公告；种子生产许可证和经营许可证的申请人对审核、审批机关的决定不服或者在规定时间内没有得到答复的，可以依法申请行政复议或提起行政诉讼；农业行政主管部门违反本办法规定，越权核发许可证的，越权部分视为无效；农业行政主管部门在依照本办法核发许可证的工作中，除收取工本费外，不得收取其他费用。

（五）种子经营生产许可证核发注意事项

《农作物种子生产经营许可证管理办法》（农业部第 48 号令）规定，自 2001 年 2 月 26 日起，各级农业行政主管部门要按照该办法的规定核发《农作物种子生产许可证》和《农作物种子经营许可证》，原有种子生产、经营许可证至 2001 年 6 月 30 日废止。目前，农业部统一印制的《农作物种子生产许可证》和《农作物种子经营许可证》已发给各省级种子管理机构，现就发证中有关注意事项说明如下。

①各省级种子管理机构收到《种子生产许可证》和《种子经营许可证》后，访查验证书及其封皮是否与所报数量相符，是否有破损、污迹等质量问题，并将查验结果反馈给农业部种植业管理司种子与植物检疫处。待各省收到证书并查验无误后，农业部种植业管理司将通知各省有关证书印制费用的结算事宜。

②农业部统一印制的《种子生产许可证》和《种了经营许可证》分 A、B 两种。省级核发主要农作物杂交种子及其亲本种子、常规种原种种子的生产、经营许可证用 A 证，省、地、县级核发常规大田用种子及非主要农作物种子的生产、经营许可证用 B 证。

③为了便于规范工作和信息上网，各级农业行政主管部门在核发种子生产、经营许可证时，要采用计算机打印证书，有上网条件的要尽量采用联网计算机打印证书。农业部委托北京中园软件有限公司开发研制了一套种子生产、经营许可证打印软件，目

前，已将联网打印软件寄给了建立局域网站的省级种子管理机构，请有关单位收到软件后，立即按照所附使用说明进行安装、调试和试用，并采用联网计算机打印证书，使有关信息同步上网，需要技术培训和咨询服务的，请直接与该公司联系。没有建立局域网站的各级种子管理机构，可以采用该公司研制的单机版打印软件，并通过拨号上网或上报软盘等方式实现信息入网。

④对于申请农业部核发《种子经营许可证》的，各省种子管理机构要认真审核申请单位所申报的材料和具备的条件，逐项提出审核意见，以省级农业行政主管部门正式函件报送我部。所附《农作物种子生产许可证申请表》需由省级农业行政主管部门负责人签署意见和姓名，并加盖农业行政主管部门印章。

⑤对于外商投资农作物种子企业，农业部正在根据《种子法》和农业部、国家计划委员会、对外经济贸易部和国家工商行政管理局联合发布的《关于设立外商投资农作物种子企业审批和登记管理的规定》（以下简称"四部委文件"）核发新的《种子经营许可证》。对于符合规定条件的，颁发有效期为 5 年的新证。对于四部委文件出台之前设立而暂不符合现行法规规定的发证条件的，换发与原证有效期相同的新证，有效期满后按照现行规定的条件重新核发《农作物种子经营许可证》。各外商投资农作物种子企业可凭原证（正本、副本）到农业部领取新证。

⑥在打印种子生产、经营许可证时尽量统一、规范标注内容：a. 使主要农作物种子生产许可证标注的作物种类、品种、生产地点形成明确的对应关系，便于监督、检查和管理，种子生产许可证可以按地点或品种发放，即每个生产地点一个证或每个品种一个证。b. 种子生产、经营许可证的编号统一采用"（2001）第 0001 号"，证书和存根之间的纵向号码用"（贰零零壹）第零零零壹号"。c. 种子生产、经营许可证的有效期和发证日期尽量统一采用如"二〇〇一年"的数字类型。d. 种子经营许可证上"经营范围"的标注：第一，仅生产经营某一个或几

个作物种子的，可以标注该作物种子；第二，仅生产经营非主要农作物种子和某一种或几种主要农作物种子的，可以标注该一种或几种主要农作物种子及非主要农作物种子；第三，仅生产经营主要农作物常规大田用种和非主要农作物种子的，可标注为"主要农作物常规大田用种和非主要农作物种子"；第四，仅生产经营主要农作物杂交种子及其亲本种子、常规种原种种子的，可以标注为"主要农作物种子"；第五，既生产经营主要农作物杂交种子及其亲本种子、常规种原种种子，又生产经营常规大田用种和非主要农作物种子的，可以标注为"各类农作物种子"或"粮食、棉花、油料、糖料、蔬菜、果树、茶树、桑树、花卉、草类等农作物种子"；第六，《种子经营许可证》（副本）、"经营范围"一行打印不完的，可以打印两行。

⑦请各省（自治区、直辖市）种子管理机构于当年8月底以前将本省区（包括地、县级）种子生产、经营许可证发放情况（包括：许可证编号、单位名称、住所、法定代表人、申请注册资本、经营范围、经营方式、有效区域、发证日期、有效期）统计汇总后报送农业部种植业管理司种子与植物检疫处。

第三章　农资营销员的创店

农资营销员创店包括店面、铺货、农资管理、农业劳动者消费心理、农资营销沟通技巧等内容。

一、农资营销店的店面

（一）店面

农资营销店的门面无疑就如人的脸面对于人的形象一样重要，为其形象的突出表现部分。要全面了解农资店销售的农资商品名称、种类、规模、特点，使之尽量与店面外部形式相结合，进行农资营销店门面设计。同时还应了解周围环境、交通状况、建筑物风格，使店面造型与周围环境协调和谐。在设计构思上应深入了解门面装饰的历史和当今国内外门面发展的趋势，从中受到启发而设计出形式新颖、实用、结构合理的店铺门面。设计者必须要有较全面的艺术修养和空间造型创新意识，又要掌握营销与设计技术的技巧，才可能达到合格的农资营销店门面设计标准。

农资营销店店面设计主要包括以下内容，即立体造型、入口、照明、橱窗、招牌与文字、材质、装饰、绿化技术以及室外地面的规划。

1. 店面外观的 3 种类型

店铺外观根据经营商品特点和开放程度的不同，通常可以分为以下 3 种类型。

（1）封闭型　这种类型的店铺，面向大街的一面用橱窗或有色玻璃遮蔽起来，入口尽可能小些。采用这种形式多是一些经营高档商品，如珠宝、影像设备的店铺。它突出了经营贵重商品的特点，设计别致，用料精细、豪华，使进店的顾客具有与众不同的优越感，觉得在这样的商店里买东西很自豪。

（2）半封闭型 店铺入口适中，玻璃明亮，使顾客能看清店内，然后被吸引入店内。经营化妆品、服装等中高档商品的店铺多采用这种形式。它们的顾客预先都有购买商品的计划，当看到橱窗陈列时，便会径直进入店内进行选购。由此可见，这种店铺的外观的吸引力是至关重要的。

（3）开放型 店铺正对大街的一面全部开放，没有橱窗，顾客出入随便，没有任何障碍。出售食品、水果、蔬菜和小百货等低档日常用品的商店常采用这一形式进行店面处理。农资销售商店多采用这种店面。

2. 店铺的招牌设计

招牌是指用以展示店名的标记。一个优秀的招牌通常有以下几种作用。引导顾客、反映经营特色与服务传统、引起顾客兴趣、加强记忆以促传播。一些新崛起的商店为顺应时尚、推陈出新，设计出朗朗上口且不易遗忘的招牌。店铺的命名要易读、易记、室外标志物要牢固结实。

3. 店面广告

这种独特新颖、快捷便当的广告形式又风靡全国的店面广告设计相当精致具特色。

（1）店面广告形式 从形式上一般把店面广告分为室内店面广告和室外店面广告两种。

①室内店面广告：指经营场所内部的各种广告。诸如店内悬挂着各种印有品牌图案的彩旗，反映商业文化的各式横幅，着时装的模特儿，旋转柜台里展示的种类商品实物，有线广播播送的介绍各种商品的信息，电视录像里反复播放的商品广告，厂家销售人员的现场演示操作等。

②室外店面广告：是相对室内店面广告而言的，泛指商业经

营场所门前及附近的一切广告形式，如招牌、店面装潢、广告牌、橱窗设计、霓虹灯等。如在繁华的商业闹市里，最能吸引消费者注意力的便是室外店面广告，因而室外店面广告在设计上更为注重突出经营场所的外部特征，具有鲜明、独特的个性，以引导强化消费者的差别意识，诱发消费者的好奇心。

（2）店面广告的作用及原则

店面广告是不说话的销售高手；广告是顾客购物的引导服务员；提升店内的生动气氛，拉近顾客与店方的距离；唤起顾客的潜在消费意识；能够配合季节促销；塑造店铺形象。

成功的店面广告设计应该遵循下面 3 个原则：简练、醒目；重视陈列设计；强调现场效果。

（二）橱窗

1. 橱窗的作用及类型

（1）作用　激发购买的兴趣；是促进购买欲望；增强购买信心。橱窗直接或间接地反映农资的质量可靠、价格合理、明码标价等，不但可以提高顾客选购农资的积极性，还可以增强购买的信心，从而使其及早作出购买决策。

（2）类型　一是综合式。即将许多不相关的农资综合陈列在一个橱窗，以组成一个完整的橱窗广告。二是系统式。有的农资店橱窗面积较大，可以按照农资的不同标准组合陈列在一个橱窗内。可具体分为 4 种，即同质同类农资橱窗、同质不同类农资橱窗、同类不同质农资橱窗以及不同质也不同类橱窗。三是专题式。它以一个广告专题为中心，围绕某一特定的事件，组织不同类型的商品进行陈列，向顾客传送一个主题，如优良品种陈列、生物肥料陈列等。四是特写式。它运用不同的艺术形式和处理办法，在一个橱窗内集中介绍某种产品，适用于新产品、特色商品广告宣传。主要有单一品种及商品模型特写陈列。五是季节性。它是一种根据季节变化把应季商品集中进行陈列的方法，满足顾客应季购买的心理特点，有利于扩大销售。

2. 橱窗的建造

建立橱窗的第一步就是保证它有足够的光源，因此玻璃高度通常应在 2 米左右，宽度在 1.5 米以上，深度为 0.5 米多一点，不过也要视城市大小、街道宽窄而有所不同。乡级农资营销店因街道较宽，建筑条件较好，橱窗可低一些，但村级农资营销店就应高一些。

3. 橱窗的陈列

（1）构思　构思影响着橱窗陈列的全面效果，应该充分考虑与商品相联系的各个方面，既要结合广告设计原则慎重加以考虑，又要善于想象，塑造一个比较好的主题。

（2）构图　这一步是整个橱窗陈列设计成熟的体现，是商品组合、配置和安放艺术的表现手法，是橱窗陈列工作的中心环节。对构图的要求是均衡和谐、层次鲜明、疏密有致，并可以形成一个统一的整体，从而给顾客以美感。

（3）陈列的结构图　结构图确定后，布置人员根据陈列图样预先准备陈列用具，然后借取商品样本，制好价格标签、说明牌；美术人员则根据图样作好文字图画。

（4）具体布置　准备妥当后即可将橱窗玻璃、用具及商品揩拭干净，并依照图样按次序先后摆列，再放置每件商品的价格标签和说明牌，然后布置背幕式图画。

（5）管理　橱窗建立后，应指定专人负责管理。每次更换时要清扫一遍，以保持橱窗内的清洁。橱窗玻璃应经常擦拭，保持干净明亮。

二、铺货设计

（一）店内布局

农资营销店店内布局一般要根据店铺的类型、员工数量的多少、经营品种的多少、季节和业务发展变化等不同情况，进行合理布置。要求是：能方便商品的搬运、保管，充分发挥各种设备的使用效能；能够便于员工提高服务效率；最大限度地便于顾客购物。店内布局设计应依据以下几个原则。明显反映本店经营农资的特点；便于顾客选购；有足够的顾客活动空间；要能使顾客平均分散开来。

店内布局也并非永久固定不变，它通常要根据季节变化、节日活动、经营范围和农资结构变化等因素，做适当的调整。要常换常新，经常保持新颖格局。在调整的部分中，也应注意符合上述原则。

（二）农资营销店店内布置类型

店内布置类型有沼墙式、岛屿式、斜角式、陈列式等，各有各处的特点。店内的布置，应随着销售方式的改变而不同。目前店铺采用的销售方式有隔绝式和敞开式。隔绝式是用柜台将顾客与店员隔开，顾客不能进入销售工作现场，农资须由店员交付顾客。它便于农资的管理。但由于顾客不能直接接触农资，不便于广泛、自然地参观选购，同时，增加了店员的劳动强度。一般适用于易污损、技术构造复杂的农资。敞开式是将农资展放在售货现场的框架上，允许顾客直接接触农资，店员工作现场与顾客活动场地合为一体。这种销售方式迎合新的购物理念，顾客自行挑选，从而提高售货效率和服务质量。但采用这种售货形式必须注意采取一些相应措施，加强农资管理和安全工作，店员应随时整理农资，保持陈列整齐。

顾客通道必须有 40 厘米宽的通道。如果通道能达到 150 厘米宽那就更好了。顾客通道通常有以下几种形式。

1. 直线式

直线式是一种将货架与通道平行摆放，并且有同样宽度的顾客通道形式。这种通道的优点是：布局规范，顾客易于寻找货位地点；通道根据顾客流量设计，宽度一致，能够充分利用场地面积；能够创造一种富有效率的气氛；易于采用标准化陈列货架；

便于快速结算。其缺点是：容易形成一种冷淡的气氛，特别是在营业员犀利目光观察之下，更加使人手足无措，限制了顾客自由浏览，只想尽快离开商店，并且因视线所拒，农资也容易被盗窃。

2. 斜线式

一种与直线式布局相对的一种通道形式。这种形式的优点是：能使顾客随意浏览，气氛活跃，而且易使顾客看到更多农资，增加购买机会。而缺憾在于不能充分利用场地面积。

3. 自由流动式

这种顾客通道呈不规则路线分布，货位布局灵活。这种通道的优点是：使得气氛较为融洽，可促使顾客的冲动性购买，便于顾客自由浏览，不会产生急切感，而且顾客可以随意穿行于各个货架或柜台。其缺点是：顾客难以寻找出口，易导致顾客在店内停留时间过长，不便分散客流；这种通道还浪费场地面积，不便管理。

店内的空间布局复杂多样，各个经营者可根据实际选择设计。一般的思路是先确定大体的板块，诸如营业员空间、顾客空间和商品空间各占多大比例，划分区域，而后再进行更为具体的设计。

（三）铺货

农资营销店营销员必须认识到，农资采购作为业务经营活动的初始环节，同销售一样，有很大学问并且同样重要。通过农资采购，组织适销对路的农资，商品周转就快，资金占压就少，销售就会充满活力。反之，农资采购搞得不好，不能组织适销对路农资，商品周转就慢，资金占压就多，库存结构就不合理，销售农资就会缺货断档。

1. 铺货的原则

勤进快销的原则；诚实守信的原则；以需定进的原则。农资营销员为确保进货及时畅通，农资品种丰富多彩，必须广开货源渠道。建立固定的进货渠道和固定的购销业务关系，这是农资商店经营中经常采用的办法，因为彼此了解情况，有利于互相信赖和支持。店方在保持固定进货渠道的同时，要注意开辟新的进货点，以保持进货渠道的多样性，从而防止各种风险带来的损害。通常农资商店的进货渠道主要有 3 条：从厂商处直接进货，从批发商处进货，采取代理或供销农资。

农资营销员铺货要考虑的因素有供货单位所提供的农资在品种、数量、标准、规格、质量方面的情况；供货单位的信誉情况；供货单位的其他条件，如路途的远近、交通运输工具、运输路线、运输费用等。以经济效益为标准，运用科学的决策分析方法，进行综合比较，进而在众多的供货单位中找出最佳者，实现采购活动的效益最优。

2. 铺货技巧

掌握最新、最准确的信息；培养采购人员对市场行情的判断力；掌握现场实务经验；选择几家供应商做比较；不可透露采购预算；付款后再进货；不要落入杀价圈套；实现与供应商双赢；灵活运用供应厂商。

三、农资管理

（一）存货管理

1. 农资存货的有效控制

存货问题对于每个农资营销店经营者来说，通常都会碰到，但一直缺少规划控制的一环，农资营销店可以从商品周转期（商品从进货到卖出的时间）、商品订购前置时间（从订货到进货时间）来规划安全存量。以平均每日销售量和订购前置时间，便可估算出安全存量，再视缺货情形和淡旺季做调整，这是简化的计算过程。

此外，农资营销店也可以从周转率来控制存货。一般来说，若农资毛利低、周转快，则需要较高的周转率；若农资毛利高、周转慢，周转率的标准比较低。一般高周转率的业务，如种子、化肥、农药，周转率在 2.5～3，低周转率的业务，如农机、农具，则在 0.5～1。

2. 有关农资的存量控制

只要遵守农资管理规则，再加谨慎处理即可。农资营销店应尽量避免将纸箱积存一起，或不打开纸箱就不知道装的是什么，或是不能确定东西在何处。仓库也和营业场所一样，要整理得有条不紊，以方便管理。

农资营销店营销员要意识到，农资卖不出去就是损失，因此每天工作中要小心谨慎。同时，要细心地做好咨询品的整理排列，提早做处理，寻求降价的原因。

3. 预计农资卖光的时间

在农资销售场所的销售人员要预计某种农资某日会卖光，此时要事先选定别的递补，避免丧失时机；销售人员不可先入为主认定商品卖不出去，要尽力推销它。总之，经营者要做到：强化与厂商的关系，有积压时要极力地争取退货或交换；尽量减少库存，并能适时地追加农资。

（二）农资的盘点

盘点就是要盘查账簿上所记载的库存农资与实际农资之间数字是否吻合。农资营销店做好盘点工作，是加强农资管理的重要环节。农资营销店经过每日的营业，在农资大量进货及销售的过程中，账面上的存货金额与实际的存货金额往往会产生不一致的现象，通过盘点才能知道金额的差异，确定一定时期内农资销售数量，才能弄清盘缺的具体产品与数目，从而保证使账面与实际存货金额一致。最好每月盘点一次，如无可能，至少也要每个季度盘点一次。

以时间为标准，盘点分为定期盘点与临时盘点两种。前者包括年、季、月、日的商品盘点。临时盘点则在询价格、改变供应办法、人员调动或发生其他变故时，对全部商品或一部分商品进行盘点，确定库存实际数额。

（三）农资贮存管理形式

1. 暂时保管

采购的农资不可能全部陈列在营业场所，部分需暂时保管。贮存管理的特征是将各项农资分类整理，使管理清楚，还要减少损失。其原则是农资必须分类清楚。勿在指定的场所外放置农资；勿直接放在地上，避免潮湿；勿放置在仓库的通道上。

2. 农资贮存形式

一般有3种形式：一是周转性贮存，以保证农资销售连续不断地进行；二是季节性贮存，为了保证季节性销售的需要进行的贮存；三是专用性农资贮存，为了应付市场销售的特殊变化而贮存的。在这3种形式中，最基本的是周转性贮存。

3. 及时了解库存情况

农资营销店要及时分析哪些农资适销对路，哪些是遗量贮存的，哪些是滞销的，哪些是残次变质的。要按类、按品种经常分析，从而根据不同情况采取不同的对策。掌握情况的方法可以是建立健全统计报表制度，或经常深入仓库实地察看，或询问或召开有关保管、业务人员座谈会，汇报反映库存情况。

4. 影响农资贮存量的主要因素

有农资再生产的周期，农资流量的大小，农资产、销距离的远近，农资本身的特点以及店铺贮存的物质技术条件。因此，农资贮存的合理时间必须以条件所能允许的时间为限度，尽最大可能减少损耗，保证农资质量。

（四）废弃农资的处置

1. 废弃农药处置

农药物如果不加强控制与管理，势必对人类的健康造成潜在的危害及环境污染。所以，农药废弃物的安全处理对人类的生存环境至关重要。

（1）农药废弃物的来源 由于储藏时间过长或受环境条件的影响，变质、失效的农药；在非施用场所溢漏的农药以及用于处理溢漏农药的材料；农药废弃包装物，包括农药的瓶、桶、罐、袋等；施药后剩余的药液；农药污染物及清洗处理物。针对农药废弃物的产生来源，采取必要的方法进行防护和安全处理是保证环境和人类安全的有效措施。

（2）农药废弃物处置的一般原则 遵守有关的法律和管理条例；农药废弃物，不要堆放时间太长再处理；如果对农药废弃物不确定，必须征求有关专家意见，妥善处理；当进行农药废弃物处理时，要穿戴和农药适应的保护服；不要在对人、家畜、作物和其他植物以及食品和水源有害处的地方处理农药废弃物；不要无选择地堆放和遗弃农药。

（3）农药废弃物的安全处理 农药废弃物的安全处理必须采取有效的方法，才能保证人、畜安全和防治环境污染。

①被国家指定技术部门确认的变质、失效及淘汰的农药应予销毁。高毒农药一般先经化学处理，而后在具有防渗结构的沟槽中掩埋，要求远离住宅区和水源，并且设立"有毒"标志。低毒、中毒农药应掩埋于远离住宅区和水源的深坑中。凡是焚烧、销毁的农药应在专门的炉中进行处理。

②在非施用场所溢漏的农药及时处理。在进行农药作业时，为避免农药发生溢漏，作业人员应穿戴保护服（如手套、靴子和护眼器具）如果作业中发生溢漏，则污染区要求由专人负责，以防儿童或动物靠近或接触；对于固态农药如粉剂和颗粒剂等，要用干砂或土掩盖并清扫于安全地方或施药区；对于液态农药用锯木、干土或炉灰等粒状吸附物清理；如属高毒且量大是应按照高毒农药的处理方式进行处理；要注意不允许清洗后的水倒入下水道、水沟或池塘等。

③农药废包装物要求严禁作为他用，不能乱丢乱放，要妥善处理。完好无损的可由销售部门或生产厂家统一收回。高毒农药

的破损包装物要按照高毒农药的处理方式进行处理。具体讲，金属罐和桶，要清洗，爆坏，然后埋掉。在土坑中容器的顶部距地面不低于50厘米；玻璃容器，要打碎并埋掉。杀虫剂的包装纸板要焚烧；除草剂的包装纸板要埋掉；塑料容器要清洗、穿透并焚烧。焚烧时不要站在火焰产生的烟雾中，让小孩离开，此外，如果不能马上处理容器，则应把它们清洗放在安全的地方。总之，要特别注意不要用盛过农药的容器装食物或饮料。并且注意农药废弃物的处理方法的处理场地应征得环保部门同意，方可实施。

2. 农用塑料废弃物处理

①长时间未销售的农用废弃塑料，要集中交与塑料生产企业再利用，生产再生塑料。

②使用过的废弃农用塑料，要清理后经废品收购站回收利用；残留在大田的废弃塑料要在耕种中逐步清除，以免影响耕种，污染环境。

四、消费心理分析

（一）农业劳动者消费心理分析

1. 我国农村消费层次总体分布

改革开放以来，农村居民之间的收入差距逐步扩大，农业劳动者人均纯收入的基尼系数已接近国际公认的警戒线，农村的阶层分化加快。目前，我国农村居民大体分为以下5种消费需求层次：①是贫困型，这部分消费者的生活尚不能达到温饱，极低的收入主要用来维持基本的生存条件，具有较高的生存需要消费倾向。②是温饱型，这个消费群体的消费仍以生活必需品为主，边际消费倾向和实际消费倾向较高。③是温饱向小康过渡型，基本生活消费品已有保障，因为户均有千元的商品购买能力，所以，对消费品的需求已由数量增长型扩张过渡到质量提高阶段，消费观念处于由农村向城镇转变阶段。④是小康型，边际消费倾向较高，说明消费结构升级的欲望强烈，消费观念明显趋向城市化，生活消费的商品化程度和质量较高，随着一般生活用品的普及，消费热点已转向中档和较高档次的家电产品。⑤是富裕型，他们主要是农村中的工商大户、养殖专业户和建筑队、家庭装修包工头，他们的消费观念是追求城里人的生活标准。由于5种农村居民在数量分布上的差异，我国农村整体消费层次呈现"菱形"结构。即温饱向小康过渡型的农业劳动者人数最多，而贫困型和富裕型比例较低。在5个不同消费层次者之间，购买能力的不同，决定了消费需求、消费标准的不同，部分先富裕起来的农业劳动者与尚处于温饱阶段的农业劳动者在购买力和消费观念上差异明显。

2. 农业劳动者心理的定义

农业劳动者心理即农业劳动者群众的认知、情感、思维，及其在农村社会、农业经济活动中的表象。它既不同于一般心理学研究人类一般心理，又不同于社会心理学是研究社会人的心理，它探索农业劳动者个体心理和农业劳动者社会存在的关系，也探索农业劳动者心理奥妙，寻求指导农业劳动者心理健康发展的渠道，防止不良社会影响，提高科技推广的效用，提高对"三农"（即农业、农村、农业劳动者）的领导艺术，达到农村精神文明、农业经济发展、农业劳动者思想净化的目的。

农业劳动者心理内容有4个方面：一是农业劳动者在社会活动开始就确定了预期的结果，并为这一预期结果而不懈努力去追求。二是农业劳动者的社会活动具有自觉的意图，并追求目标而终身采取各种手段达到目标，以取得精神上和物质上的满足。三是农业劳动者心理活动具有群众活动的特征，农村社会劳动分工合作，就意味着具体力量有限性和个体在群众中的作用。四是农业劳动者中的杰出人物可以在一定环境中具有领导的决定作用。在一定条件下，杰出人物对农村社会发展具有推动作用，应予以保护。

3. 了解农业劳动者心理的原则

（1）客观性原则　对于农村社会中农业劳动者行为、认知、思想等研究，必须建立在客观性基础上，克服主观主义的思想。对一个人的判断，不能只看他说的如何，而主要是根据他的行动。从客观实际出发，设计内容、方法和预期结论等，都要以客观性原则衡量。

（2）唯物主义历史观原则　中国农村经历了几千年的变化。在中华人民共和国成立后，经历了各种社会变革，每次社会活动对农业劳动者心理都有影响，既要历史地分析，又要与时俱进，才能更好地指导农村、农业、农业劳动者的活动。

（3）系统性原则　农业劳动者心理现象是属于社会意识系统的：一是意识形态构成体，二是科学知识构成体。农业劳动者情感、农业劳动者情绪、行为规范、风俗习惯、乡规民约都可归在上述两大体系里，每个农业劳动者都以他人的存在而存在，"我为人人，人人为我"就是这一系统性原则的体现。

（4）社会决定原则　一切农业劳动者心理现象，都是人脑对社会存在的反映，没有社会存在就没有心理现象。农用物资销售也必须研究农业劳动者在想什么、盼什么、做什么，农业劳动者所想、所盼、所做就是由农业劳动者改革的社会实践所决定的。农业劳动者的思想来源于他们的社会存在，并由他们决定。

4. 农业劳动者消费心理分析

（1）经济欠发达地区"实用主义"挂帅　农业劳动者平均收入普遍低于城市居民，收入渠道比较单一，再加上农村社会保障体系不甚健全，因此农业劳动者即便有钱也不敢花。特别是在一些极为偏远地区，还处在自给半自给、封闭半封闭状态下所形成的消费形态。这种特性决定了农村处于典型的功能性需求阶段，即强调产品的核心利益（实际使用价值）及其物化形式基础产品，对产品的附加价值关注较少，实用主义的消费文化在农村居主流地位。农业劳动者选购商品时往往要求商品质量可靠、性能完善、耐用性强、价格低廉，而对商品的品牌、包装、式样、设计等外观因素不十分看重。

（2）经济较发达农村出现"仰城效应" "仰城效应"是指农村消费者把城市，尤其是县城，当做消费潮流的风向标，主动模仿城市消费，这是"农村消费城市化"的萌芽心理。随着中国城市化进程在不断加快，许多走出农村的城市人，在探亲时最先把城市的畅销产品带回了农村。农村进城打工的年轻人是另外一批城市消费传播者。他们的行为影响着农村的消费潮流。现在，高收入地区农村居民的收入状况、消费水平、消费结构与消费方式不断向城市居民看齐，这些地区的农业劳动者在吃、穿、住、用、行等物质生活方面和文化、娱乐、教育等精神生活方面以及服务消费方面同城市居民的差距越来越小，甚至与低收入省区一般城镇的居民水平不相上下，而且一些特别富裕的农村则已经甚至超城市化了。随着我国城市化水平的不断提高，农村消费城市化必将推广到更多的农村。

（3）消费亚文化圈内呈现"邻居效应" 邻居效应的产生主要是农业劳动者从众性消费心理和攀比消费性习惯在起作用。因为知识的欠缺和消费信息不对称的缘故，农业劳动者了解产品信息的渠道较少，口头传播成为信息传播的主要方式。他们更相信邻居的选择，也就是更相信前期使用者的评价，这与农业劳动者谨慎的消费习惯和图实惠的消费心理密不可分。此外，攀比消费在农村十分盛行。村里邻居一旦购买了某品牌产品，就成为"标杆"，许多人宁肯借款也要达到邻居的消费标准。尤其是结婚购买大宗产品时，农村许多未过门的媳妇都会指明要购买邻居家庭购买的产品。

（4）基础设施差异性决定购买产品类别 农业劳动者购买何种产品，很大程度上受到当地基础设施的限制，进而呈现出明显的消费偏好差异。在一次国家发展改革委组织的农村调研中基础设施建设（道路、水利、生活饮水等）方面存在较大差异，所以在消费支出结构和家电及耐用品的购买和使用上，都表现出了明显的不同。以家用大件耐用消费品为例，A 县的洗衣机需求近几年增长迅速，主要是因为该县近五年来陆续投资解决了 19 个乡镇、82 个行政村、185 个自然村、近 1.2 万余户的用水问题，为一些家庭购买热水器、洗衣机、实现卫生冲厕创造了便利条件。B 县的各项耐用品的户均拥有数都是最低的，主要是受到了当地电压不稳、交通不畅的影响。在访谈中，就有农户指出，家里的电压不稳，经常跳闸停电，即使买了冰箱和洗衣机，也不能正常使用，所以，干脆不买。C 县的户均彩电、冰箱、空调、摩托车拥有量为三县市最高，除了该地区相对便捷的交通、水电等硬件环境外，当地还配合家电下乡工程建立了 129 个家电销售网点，使得家电产品维修更加方便、售后服务更加到位、消费环境更加放心。

（5）消费地点受便捷性和安全性影响最大　在调研中发现，消费品的流通便捷程度直接影响农户的采购地点选择。根据调研的结果显示，在集镇消费市场建设较好的农村地区，农业劳动者对乡镇便利店消费依存度极高，74.7% 的农户购买食品、69.0% 的农户购买日用品以及 65.5% 的农户购买家用电器，都会首选乡镇便利店。由于日用品的村级消费网络建设还处于探索阶段，存在物流不畅、配送率不高、经营规模小、货物不全等问题，在监管假冒伪劣产品方面还缺少得力措施，所以整体来看，农户对村里小店的信任度和消费依存度较低，仅有 12% 的农户购买食品、18% 的农户购买日用品和 4% 的农户购买家电会选择村里小店。

（二）农业劳动者消费行为分析

行为是受思想支配而表现在外面的活动，行为研究属于社会学研究领域，农业劳动者行为研究即寻求农业劳动者同其感受到的环境相互作用的规律的学问。农用物资销售过程中，通过改变农业劳动者行为，进而改变农业、农村的全过程。把改变农业劳动者行为重点放在推广高新技术上面。改变农业劳动者行为是指使农业劳动者为了满足增加收入的需要，改变传统技术和习惯，即把新技术、新方法在农业劳动者中传播及应用。改变农业劳动者行为是一个动态过程。①是原有平衡的破坏。在农用物资销售中，由于传统技术不能促进生产力提高，需要新的技术、优良品种，就需要农业劳动者的力量去追求新的目标，以某种驱动力去克服阻碍力，打破原有的平衡。②是新的平衡。由于驱动力克服了阻碍力，使事物转移到一个新的水平，达到新的平衡。③是在新的水平上的稳定阶段。在这一阶段，问题得到解决或重复已改变的行为。农资店营销员就要善于引进驱动力，努力减少或避免阻碍力，将新兴的先进的农用物资推而广之。

消费者在对商品的质量、性能、价格，商家信誉等方面多方咨询后才会付诸行动。掌握和了解农业劳动者在购买消费品时的心态和行为特征，对政府部门研究开拓农村市场政策，特别是厂（商）家制定开拓农村市场措施具有重要的参考价值。调查显示，农业劳动者在购买消费品时，呈现出以下心理和行为特征。

1. 路途近、购物便利，信誉佳、品种全的地方是农业劳动者购物的首选去向

当问到"您购买消费品时，愿意到什么地方购买"时，调查结果是：选择愿意到"集镇"的最多，占 61.8%；其次是选择"县城"的占 37.3%；选择"其他"项的为 0.9%。对"您购买消费品时，愿意选择什么样的商家"的回答结果是：40.7% 的人愿意选择"中小型商场"，居第一位；其次是"大商场"，占 19.0%；专卖店排在了第三位，占 16.3%；而愿意接受"厂家直销"、"连锁店"和"其他地方"去的略低，分别仅占 11.6%、9.3% 和 3.1%。以上两个问题的调查结果说明，农业劳动者还是最希望能在自己家门口就买到自己需要的东西，看中的是购物的便利。

2. 急需使用、降价期间时，农业劳动者才愿意消费

当问到"您认为什么样的机会购买消费品最合适"时，调查结果是：认为"急需使用时"才去购买的最多，占被调查人数的63.0%；其次是认为"降价期间"时购买，占26.0%；其他选项分别为"攒足了钱"、"分期付款"和"其他"，分别是6.0%、2.0%和1.3%。调查结果说明由于农业劳动者收入偏低，多数农业劳动者对于消费支出，不到万不得已或确有足够的支付能力时，是不会轻易解囊掏钱的。

3. 价格低、结实耐用的商品，农业劳动者最为青睐

农业劳动者最优先考虑的因素，38.5%的人认为要"结实耐用"，位居第一位；第二是要求"价格便宜"，占27.1%；第三是"功能实用"，占24.7%；第四是"维修方便"，占6.7%；第五是"知名品牌"因素占3.0%。可见，憨厚朴实的农业劳动者，对所购商品的要求也是一样的朴实，一是耐用实用，二是价格要低。同时，这也反映出并不太富裕的广大农业劳动者对自己辛勤汗水十分珍惜。

五、营销员销售中沟通技巧

在农资销售中，人们不可能具有同样的想法。在推广新战略、引入新方法、学习新技术的过程中，种种不一致可以演变为激烈的辩论或冲突是在所难免的，要加强沟通。

（一）问答

答和问，是在交际场合进行的一问一答。如，答记者问、专题对话、论文答辩等，这是一种随机性很强的以回答问题为主的即席式发言。它有几个特点：一是广泛性。由于对方可以任意提出问题，特别是记者兴趣更广泛，大至轰动全球的国际事件，小到你的生活隐私，都可能成为他们的话题。二是随机性。由于事先不知道对方将提出什么具体问题，很难对自己的发言做系统周

密的策划。临场提问往往很突然，可能在你意想不到的地方冒出来，且问题带有跳跃性，只能随时思考，恰到好处地做出回答。如果反应迟钝，就会产生不良后果。答问的常用辩解形式有无效回答、答非所问、避而不答、以退为进、围魏救赵、系铃自解、间接回答等方式，都能收到很好的效果。

（二）聊天

聊天一般是指没有明确目的的即兴式交谈。跟不同行业、不同辈分的人聊天，往往会得到许多新的信息，甚至使人触类旁通，使有些久思不得其解的问题一下子豁然开朗。

聊天还具有调节心理、愉悦情怀的奇特功效。如果有什么事愁闷不快的话，通过和熟人聊天，可以一吐胸中闷气，达到开释情怀、平衡心理的作用。必须注意下面几点。

1. 漫无目的

一般来说，聊天没有什么明确的目的。但从微观角度来讲，闲聊未必就是聊"闻"，而是有目的信息和情感交流。带有一定的目的，你就能及时又恰到好处地发问，调控聊天的内容。

2. 要善择聊天对象

聊天要做到格调高雅，聊得有水平，善于选择聊友是重要的一环。在现实生活中，不可能每次聊天都有"聊友"在场，所以，选择聊友的圈子不能太小。和水平相当的人，甚至低于己者聊天也不无长进。大可不必固执己见，拘于一格，而以广开"耳路"、泛论群言为好。

3. 聊天话题的选择

通常情况下，与学者聊天，可以讲些轻松、幽默的奇闻轶事；与主妇们聊天，可以讲讲市场的行情与子女的教育问题；与老人聊天，可以谈谈养生之道、保健方法，甚至愉快的往事；与青年聊天，可以探讨事业、友谊及一切时髦话题；与孩子聊天，可以讲讲童话、寓言等；与一般人聊天，可以拉拉家常。

4. 聊天的范围

一般说，聊天的范围不受限制。这当然不包括庸俗低级、格调低下、无意义、无价值的话题。搬弄是非，贬低他人，也是不足取的。对方的缺点和不感兴趣的事，不应作为聊天的话题。

5. 聊天的地点

一般说，聊天不受时间、地点限制，但在公众场合聊天，或喜庆时节大谈悲伤之事，则是不受欢迎的，也是不妥的。

6. 不提挑战性问题

聊天时，不要提出一些挑战性的问题，免得引起激烈争论，弄得不欢而散。不要自以为是，用教训人的口气说话。如果几个人一起聊天，还要注意让大家都有发言的机会。

（三）说服人的艺术

1. 说服是化解冲突的良好途径

与和自己意见不一致的人针锋相对地争论一番，使对方就范，接受自己的看法，这并非是一种明智的选择。说服不同于争执、争论、争吵之处，在于说服不是斗争性、对抗性的。在试图说服那些与自己意见不一致的人时，不是把他们当做对手或敌人，而是当做平等的伙伴，不是为了让他们言听计从，而是为了让他们接受那些对他们有益却因为种种原因还没能理解的东西。说服是一种和平的事业，即使争吵，取胜的一方也要和"失败"的一方和平相处。一旦考虑到这种"和平共处"的价值，在语言上战胜对方就绝非上策了。

说服，或真正的说服力就是形成被说服者的内在服从效应。它与借助权力的威胁不同之处在于，说服者认为他与被说服者是平等的。被说服者有保持某种观点、看法、态度及采取某种行为方式的自由。与交换、魅力所形成的确认式服从不同，在形成内在式服从的过程中，说服者也许根本就没有什么魅力或利益上的吸引力，被说服者之所以服从并不是因为说服者的缘故，说服者提供的信息才真正具有价值，起到修正或者改变被说服者的感知方式、理解及解释方式的作用，从而使服从者最终对身边的事物采取了一种新的反应及行为方式。

2. 明确对方的态度

当一个人试图平等、理智而公允地说服别人时，被说服者可能有 3 种类型，这就是支持者、反对者、中立者。对于这 3 种可能的态度，如果细致地区分、还需了解其态度的强烈程度，从而还可以区分出积极、坚守的支持者与勉强、消极的支持者；坚定的反对者与脆弱或温和的反对者；有所偏向的中立者。有必要认真对待这种区分。因为说服坚定的反对者与说服温和的反对者其方式与方法是不同的。

说服的主要对象是中立者与反对者，在识别出他们持有哪种态度的同时，还应考虑到这些人的人数，因为说服的工作量及复杂性将随着有待说服的对象的数量而同步增长。尤其当这些人构成了可以识别的反对者"群体"或中立者"集团"时，他们内部之间就会因一种连带关系诱导出一种相互服从。一旦反对者公开陈述其立场，并说服其他人也支持他的观点，对这种反对者群体的说服就会变得极其艰难。在准备进行说服时需要做好计划，预想到说服工作将可能是一个漫长的过程，从而保持一种充分的耐心。《三国演义》中，诸葛亮七擒孟获的故事表明了一个英明统帅的信心与耐心，值得农资店营销员仿效。

对于有待说服的对象，从漠然到奉献式的投入会经过下述几个阶段。

（1）漠然的态度 这些人坐在办公室里看报纸，坐等下班。永远也提不出什么建议或自告奋勇去做什么事情。他们接受工作分配，记下最后期限，毫无什么反应，一副无精打采的样子。这种消极的情绪具有传染性。

（2）满腹牢骚的态度 这些人没有达到他们的希望、要求和期望的目标，但抱有一丝希望，想通过发发牢骚来改变现状。给他们分配另外一些日常工作时他们会很不高兴，非得他们认为

"可以了"才会去做。与他们交谈并保持倾听态度，就会发现他们在为什么事情烦恼。如果无视他们发出的信号，他们会变得漠然处之。

（3）顺从的态度　这些人仅仅满足于自己应尽的职责，他们不愿做任何使其与众不同的事，只是安于现状。

（4）有明确目标的态度　小有成效的农资店管理制度使这些人心情愉快，全心全意地工作，对现状满意乐观。在这一阶段，人们与其说是为农资店的成功而工作，还不如说是对个人的成功更感兴趣。如果有其他单位提供更好的机会，他们有可能跳槽。

（5）忠诚的态度　工作对这些人是一种乐趣，他们相信自己是在作贡献，也相信得到了公平的待遇与报酬。他们更关心集体，更少考虑个人。但是，忠诚不一定总能激发创造性，使人能进行独立思维也不意味着主人翁精神和自我更新的冲动。

（6）奉献的态度　这些人在忠诚的基础上又迈进了一步。他们深受农资店价值观的影响，因而能不断为农资店的成长寻找新方法。他们的激情、热城、主人翁精神对其他员工有感召力。

3. 要取得对方的信任

信任是指一个人是否可信，是否值得信任。只有共同的一致性才可双方或多方相互信任。一致性，意味着意志坚定、甘担风险、信守承诺这些无论在哪里都会造就杰出人物的根本美德，缺乏这种美德的人，将被认为不能担负重任。同样，在对待员工、主管部门及社会公众时，农资店营销员也必须使自己信守一致性的准则。事实上，农资店的领导身负重任，人们就不时地拿显微镜照一照他，他的一言一行都会被记录下来，不时地被人思量一番，以重新解释其意义何在。如果领导在如此被不断地打量、重新解释中，其一言一行是一致的，人们也会认为他理该如此，没有什么了不起。但一旦被人发现其言行不一、前后矛盾，一个领导就不称职了。农资营销员要目标一致、言行一致、角色一致。

集众多角色于一身会使他面对各种要求，很难保证这些要求是相互一致的，因可能的不一致而产生的精神压力也是难免的。在领导的事业发展中，真正的管理精神正是在克服这种压力中形成的。要使承担的各种责任统一在自己完整的人格基础上，一个农资营销员应富于理想精神与开拓精神。

4. 人的心理启始

农资营销员所遇到及交往的每个人，都有自己的心理，都有对环境进行感知及判断以形成决策、做出反应的能力。而且他们的感知与思维模式在事情发生之前就有，具有相对的稳定性。每一个人的内在精神结构，从心理学上讲，就是人的心理活动中的潜意识的内容，它决定了人们感知事物及对他人的态度。每个人对于接收到的信息的反应，都是内在的潜意识中的观念以及知识的结果。在人们交往时，他们早已在生活的过程中，由于广泛而持续的社会影响已处于一种内在化服从状态中了，人们所具有的潜意识的精神结构就是一种内在化服从的结构模式。人不是没有特定内在服从结构、精神结构的抽象的人，是某种信念的接受者。

5. 用别人的动机来说服别人

每一个的行为都是由某种动机驱使的，要使说服取得实效，就应使对方内在地产生转变自己行为方式和服从模式的动机。为此，说服者要使自己的观点、目标、理念以及提出的建议、劝告、要求，与对方的有关动机联系起来。接受者的任何需要，只要与说服所涉及的论题有关，都是对方接受新观点或提出要求的心理依据，他将根据自己的内在需要来认同所提供的观念或建议。

为提高说服力而把对方的动机与需要作为自己可以运用的说服工具与手段，这一点应受到道德的限制，即只有在你的主张或产品真的像你所说的那样，满足了人们的需要时，这种诉求才是正当的。在今天如果有谁为设计动机而筹集基金，这种做法和欺骗没有两样。但在说服时夸大其词、言过其实、掩盖反例的做法，无疑会降低可信性，瓦解信任关系。

就人际沟通而言，说服过程中对对方动机的诉求，应当从具体的沟通情境上去做好积极倾听、寻求帮助、参与决策。

6. 矛盾的化解

被说服者的处境是矛盾的，如果他不服从或不同意你，就会与你产生冲突；但如果他服从你、同意你，又会与自己产生矛盾。在被说服的过程中，人们的心理矛盾有猜疑心理、防卫心理、不安与精神压力。人具有保护自己的精神及人格完整性的本能。即使你不存在控制对方的动机，对方在面对要求做出转变时，也会因为这将可能影响自己的人格完整性而产生不安，承受一定的精神压力。同时，在他面对接受你与拒绝其他人的选择矛盾时，接受了你就意味着自己的态度及行为方式的转变又需要与其他人的关系进行调整，这时也会承担相当的精神压力。被说服者所承受的精神压力会影响说服的效率与成效，因此，他们能躲即躲，实在躲不过去，也将不置可否。在涉及一些对被说服者来说是重大问题的说服时，对方的回避是不可避免的。要做到耐心。刘备三顾茅庐才说服诸葛亮出山辅佐自己，因为对诸葛亮来说，这是人生的重大选择时刻，不可不慎重。要有策略地进行"信息注射"，不要一次把话说完，要给对方留有余地。要让对方认识到他的不安及压力的存在及根源，并就此进行交谈，逐一予以化解，要为对方设想好解释自己之所以转变的理由。更为慎重的方法是委托第三者去说服。而在无计可施、一筹莫展时，攻击对方背后的"唯神领袖"与利益关联者也不失为一种有效的说服。

第四章 农资售后

在农村基层，农资经销商长期以来一直都处在市场的激烈竞争中无法自拔，如何在激烈的竞争中突围，为自己营造一个良好的销售环境，农资经销员解放思想，走创新与发展的路子，扎扎实实地开展售前、售后服务，拓展业务，打开销路，赢得大量的购买农资"回头客"，才是有眼光的农资经销商的成功之举。

一、农资售后服务的形式

（一）建立示范样板

不少农资营销员舍得花钱，在科技示范户中进行农药化肥和种子使用的样板示范，他们经销的农资产品，都是通过样板示范，取得一手资料后，组织当地的农资消费者临田观察，让技术人员或示范户现场讲解使用技术，评价使用效果，当地农民看得见、摸得着。有的种子基层经销商在做新品种的多点展示工作时，他们强调品种高产示范，把展示点选在交通便利的大路边，便于参观，选择有科技头脑的人种植；将良种与良法配套栽培，有了这样的展示田，农民群众看了心中踏实，让群众学到技术，信得过；这样的展示田其影响力，对双方来说都是巨大的。有的还用不同的农药化肥品种进行对比试验，然后总结筛选出适合当地使用的对路产品，让农民心中有数，购买时一目了然。

（二）农资营销员与农技站联手，开办植物医院，及时为农民诊断病情虫情，开出药方

他们的植物医院名副其实，各种农作物病虫防治挂图，安全使用农药的挂图，技术室里陈列着各类药品，种子和化肥样品，

以及农业常识图书，店内还有植物医生的工作台，有的还有诊断处方的服务档案、农户农资购买档案等等。实现了植物医院为农民提供技术，门面的经销店直接销售农资的一条龙服务。

（三） 农资经销商向消费者做好阶段总结

现在基层经销商不仅向主管单位提供阶段总结或年度总结，而且向消费者进行详细总结。与他们一道分析市场形势，宣传产品的市场动态和结构变化，分析在使用中的经验和教训，使经销商在判断客户决策路径的过程中，充分认知消费者的情绪、感受及需求，最终形成以消费者的需求为导向的终端销售模式。

（四） 通过家政服务队，实行售前、售后服务

目前，农村中出现的农业家政服务队，去那些缺劳力、缺技术的农户家包揽农活，提供有偿种植、管理、收割、装运、销售等一系列服务，自然也包括农资产品的代购、使用业务，已引起有关部门的关注。农资经销商与他们密切配合，对其进行技术培训，让他们的家政服务更加规范化，通过他们为农民提供农资产品售前售后服务，使依靠他们实现购农资送服务的工作，更好地落到了实处。

农资销售特别是在终端销售过程中，人与人之间的沟通始终扮演着相当重要的角色。我们的农资营销员他们通过开展售前、售后服务，表现了他们设身处地地理解他人的情绪，感同身受的明白体会消费者的处境，由此站在对方的角度来分析和看待问题，这种服务就是站在消费者的角度同情、理解、关怀消费者，并站在消费者的角度与消费者进行内心的对话，最终达到合理的销售效果。实行农资营销中的售前、售后服务，寻找与客户相同或相近的点，在最短的时间内就能与客户建立信赖，并从客户的需求角度出发，来满足客户的需求，实现销售目标。笔者认为，实行售前、售后服务最核心的内容在于构建销售人员与客户之间的信任，只有建立了信任，才能达到销售人员与客户之间的共识。同时，也有助于销售人员充分了解客户需求，让客户的需求得到最大程度的满意。

目前，农资经销商悄然兴起的售前售后服务，不仅是一个工作方法和认识问题，更是体现了经销商真正把服务对象放在了重要位置；对农资客户投入了真感情，诚信，诚恳地为他们办实事、解难题，对拉近经销商与客户之间的关系，提高优质服务水平将起到积极的作用，是拓展营销渠道，扩大销售业务，培育农村的知识型农民的重要举措，使农资销售得到了有效延伸，销售方法得到了有效规范。售前、售后服务不仅是农资经销商对社会、对客户负责的一种表现，而且日益成为现代农资企业和农资经销商赢得市场竞争的主要手段，值得肯定和提倡。

二、农资咨询

（一）咨询服务的内容

①介绍有关的商品质量正确、真实地向消费者介绍商品的质量，可以使顾客觉得他所付出的货币价值与他所购买的商品的质与量的价值相等，从而产生物有所值的满足感。

②介绍商品的特点推销人员要根据不同消费者的消费需求，通过自己对有关商品的了解，在介绍商品时，突出该商品的特色，以唤起消费者的购买欲望，从而达成交易。

③介绍有关商品的使用及保养方法正确地使用商品，关系到商品的使用寿命及使用安全，同时也关系到商品功能的有效发挥。因此，推销人员应熟练掌握其推销商品的使用方法、注意事项及保养方法，并且能够准确地向消费者进行有关介绍。

④介绍商品的原料构成及生产工艺每种商品的原料构成和其生产工艺水平的高低对该商品的质量、性能和使用寿命都有重大的影响。推销人员应详细了解其推销商品的原料构成及工艺情况，并能对原材料及生产工艺水平的高低进行初步的鉴别和判断。

⑤向消费者提供有关的市场信息当今的商品市场瞬息万变，掌握有关的市场信息是非常重要的。推销人员因工作的缘故，掌握了许多市场信息，并且推销人员有比较丰富的营销经验和商品知识，因而可以向顾客提供对他们有帮助的市场信息，使顾客增长有关的商品知识。同时，也对推销员提高自身的服务水平和技能，促进商品的销售有较大的作用。

（二）咨询服务的方式

①现场咨询即在推销活动中，推销员现场解答消费者所提出问题的一种服务方式。

它的优点是：消费者与推销员面对面直接进行交流，因而信息反馈迅速，利于双方的交流与沟通。另外，消费者所提的问题，都是围绕推销员所推销的商品，因而推销人员可以通过展示商品，进而进行表演、示范、操作商品，解答消费者的疑问，使顾客全面、充分地了解其推销的产品，并加深对产品的良好印象。

②电话咨询就是利用电话解答消费者提出问题的一种服务方式。电话咨询的优点是高效、迅速。它在商品营销工作中起的作用越来越大。它的不足是由于推销人员与消费者双方不能见面，使双方的交流及沟通受到很大影响。

③信函咨询即推销人员以信函的形式为消费者解答疑问的一种咨询服务的方式。它的优点在于书写工具简单、价格便宜、保密性好，因而被人们广泛采用。

（三）咨询服务应注意的事项

①提供各种咨询服务要热情周到即主动热情打招呼，服务周到细致。遇到对商品十分挑剔的消费者，应更加热情、细致，不应产生不耐烦的情绪。

②提供有关的服务要简明确切即让顾客从你提供的服务中加深对商品的了解。回答消费者的问题时要言简意赅，不啰唆。

③提供服务应能为消费者解决实际问题推销人员为消费者提

供的服务应能解决其实际问题。例如：代客送货、上门安装、调试、售后维修等等。不要乱许诺提供各种服务又不能兑现，这样会引起消费者的不满，使他们有上当受骗的感觉。同时，对推销人员及企业的形象也有很大的不良影响。

三、农资投诉处置

现代市场营销观念认为，企业营销活动应以市场为中心，通过不断满足顾客的需要来达到获取利润的目的。所以，如何处理客户投诉，直接关系到能否更好地满足顾客的需要，影响到企业利润的实现。处理客户投诉是客户管理的重要内容。出现客户投诉并不可怕，而且可以说是，它是不可避免的，问题的关键在于如何正确地看待和处理客户的投诉。一个企业要面对各式各样的客户，每日运作庞大复杂的销售业务，能做到每一项业务都使每一个客户满意是很难的。所以，我们要加强与客户的联系，倾听他们的不满；不断纠正企业在销售过程中出现的失误和错误，补救和挽回给客户带来的损害；维护企业声誉，提高产品形象，不断巩固老客户，吸引新客户。

（一）客户投诉的主要方面

因为销售各个环节均有可能出现问题，所以，客户投诉也可能包括产品及服务等各个方面，主要可以归纳为以下几个方面。

①商品质量投诉主要包括产品质量上有缺陷、产品规格不符、产品技术规格超出允许误差、产品故障等。

②购销合同投诉主要包括产品数量、等级、规格、交货时间、交货地点、结算方式、交易条件等与原购销合同规定不符。

③货物运输投诉主要包括货物在运输途中发生损坏、丢失和变质，因包装或装卸不当造成的损失等。

④服务投诉主要包括对企业各类人员的服务质量、服务态度、服务方式、服务技巧等提出的批评与抱怨。

（二）处理客户投诉的原则有章可循

要有专门的制度和人员来管理客户投诉问题。另外，要做好各种预防工作，使客户投诉防患于未然。为此，需要不断提高企业全体员工的素质和业务能力，树立全心全意为客户服务的思想，加强企业内外部的信息交流。

①及时处理对于客户投诉，各部门应通力合作，迅速做出反应，力争在最短的时间里全面解决问题，给客户一个圆满的结果。否则，拖延或推卸责任，会激怒投诉者，使事情进一步复杂化。

②分清责任不仅要分清造成客户投诉的责任部门和责任人，而且需要明确处理投诉的各部门，各类人员的具体责任与权限以及客户投诉得不到及时圆满解决的责任。

③存档分析对每一起客户投诉及其处理都要做出详细的记录，包括投诉内容、处理过程、处理结果、客户满意程度等。通过记录，吸取教训，总结经验，为以后更好地处理好客户投诉提供参考。

（三）客户投诉处理流程

客户投诉处理流程一般说来，包括以下几个步骤。

①记录投诉内容详细地记录客户投诉的全部内容，如投诉人、投诉时间、投诉对象、投诉要求等。

②判定投诉是否成立了解客户投诉的内容后，要判定客户投诉的理由是否充分，投诉要求是否合理。如果投诉不能成立，即可以用婉转的方式答复客户，取得客户的谅解，消除误会。

③确定投诉处理责任部门要根据客户投诉的内容，确定相关的具体受理单位和受理负责人。如属运输问题，交储运部处理；如属质量问题，则交质量管理部门处理。

④责任部门分析投诉原因要调查客户投诉的具体原因、具体责任人。

⑤提出处理方案根据实际情况，参照客户的投诉要求，提出

解决客户投诉的具体方案，如退货、换货、维修、折价、赔偿等。

⑥提交主管领导批示对于客户投诉问题，领导应予以高度重视，主管领导应对投诉的处理方案一一过目，及时作出批示。根据实际情况，采取一切可能的措施，挽回已经出现的损失。

⑦实施处理方案处罚直接责任者，通知客户，并尽快地收集客户的反馈意见。对直接责任者和部门主管要按照有关规定进行处罚，依据投诉所造成的损失大小，扣罚责任人一定比例的绩效工资和奖金；同时对不及时处理问题造成延误的责任人也要进行追究。

⑧总结评价对投诉处理过程进行总结与综合评价，吸取经验教训，提出改进对策，不断完善企业的经营管理和业务运作，以提高客户服务质量和服务水平，降低投诉率。

参考文献

[1] 王建华，张春庆．种子生产学．北京：中国高等教育出版社，2006

[2] 周志魁．农作物种子经营指南．北京：中国农业出版社，2007

[3] 蔡国友．种子销售技艺与实战．北京：化学工业出版社，2008

[4] 张丽英．饲料分析及饲料质量检测技术．北京：中国农业大学出版社，2007

[5] 王忠艳．饲料学．哈尔滨：东北林业大学出版社，2005

[6] 程岚．农机经营服务实用指南．银川：宁夏少年儿童出版社，2010

[7] 王绍萍．农机实用新技术培训教材．南昌：江西科学技术出版社，2010

[8] 张舒，张求东，程建平．常用农药安全使用知识．北京：中国三峡出版社，2010

[9] 孔令强．农药经营使用知识手册．济南：山东科学技术出版社，2009

[10] 鲁剑巍，曹卫东．肥料使用技术手册．北京：金盾出版社，2010

[11] 宋志伟．土壤肥料．北京：高等教育出版社，2009

[12] 谢德林．土壤肥料学．北京：中国林业出版社，2004